少年畅销版

教育部"语文新课标"必读丛书

主　　编　　任溶溶

策　　划　　许科甲　李姊昕

执行策划　　李姊昕

编　　委（按姓氏笔画排序）

王　珏　方　虹　许科甲　李志鹏

李姊昕　杨　霞　肖延斌　胡运江

韩中华　惠春鹏　谢竞远　薄文才

世界文学名著权威译本

主编　任溶溶

Kunchongji

昆 虫 记

[法]法布尔 著　陈筱卿 译

著名翻译家任溶溶担纲主编
著名作家、少儿阅读推广家梅子涵强力推荐

北方联合出版传媒（集团）股份有限公司
辽宁少年儿童出版社
沈阳

ⒸＣ 陈筱卿　　2015

图书在版编目（CIP）数据

昆虫记／（法）法布尔著；陈筱卿译．—2版．—沈阳：辽宁少年儿童出版社，2015.9
（世界文学名著权威译本）
ISBN 978-7-5315-6532-1

Ⅰ．①昆…　Ⅱ．①法…　②陈…　Ⅲ．①昆虫学—青少年读物　Ⅳ．①Q96-49

中国版本图书馆CIP数据核字（2015）第089524号

出版发行：北方联合出版传媒（集团）股份有限公司
　　　　　辽宁少年儿童出版社
出 版 人：许科甲
地　　址：沈阳市和平区十一纬路 25 号
邮　　编：110003
发行（销售）部电话：024-23284265
总编室电话：024-23284269
E-mail：lnse@mail.lnpgc.com.cn
http://www.lnse.com
承 印 厂：辽宁星海彩色印刷有限公司

责任编辑：惠春鹏
责任校对：贺婷莉
封面设计：李　健　李姝昕　惠春鹏
封面绘画：潘树声
插图绘制：菲主琉　潘树声
版式设计：李姝昕　惠春鹏
责任印制：吕国刚

幅面尺寸：168mm×240mm
印　　张：14.5　　字数：182 千字
出版时间：2009 年 1 月第 1 版
　　　　　2015 年 9 月第 2 版
印刷时间：2015 年 9 月第 1 次印刷
标准书号：ISBN 978-7-5315-6532-1
定　　价：21.00 元

这个上行管道不是幼虫因为急于重见天日匆忙赶制成的，这是一座货真价实的地下小城堡，是幼虫要长期居住的宅子。

谁不认识这美丽的蝴蝶？它是欧洲最大的蝴蝶，穿着栗色天鹅绒外衣，系着白色皮毛领带。

草地上的小蟋蟀十分敏捷，它用它那颤动着的长触须在探查周围空间。它奔跑，蹦跳，开心得很。

一只蚂蚁路过隧蜂洞穴附近。它很想知道洞底下为何有蜜的甜香味飘上来。隧蜂看门人脖子一扭。通常，这种威吓的动作就足够了。

总　序

盛情大提篮

梅子涵

　　我们不可能知道每一天世界上有多少人在为孩子们写书、出书的事而繁忙。这是一种很应该被敬重的繁忙。为了一个人的早年，为了一个世界的后来和后来的后来；为了把文字里的诗变成真实的呼吸；为了把小说的叙述变成漫长生命里的真理；为了把童话美妙地搁进一天天的日子里，渐次地让日子里一天天多出童话的美妙；为了把那么多的想象给普通的眼睛、普通的耳朵、普通的脑海，让他们看见、听见，也飘扬起来，驰骋而去；为了让一个人的手里，从小就有一本书，长大了，手里还有一本书，包里有一本书，桌上和床头都有书……单单就为了这些，这件事已经是最庄重、最盛情的了。这是一个多么大、多么贵重的赠送。我们不会离开书籍了！阅读是我们最时常的渴念！文学成为我们一生都拥有的一条毯子了，我们温暖地盖着，很少做噩梦！

文学真是非常好的。她把梦在白天就给你。她把温暖在寒冽里给你。她把天真在微笑里给你。她把希望在苦难里给你。她把哲学在幽默里给你。她把巨大在轻小里给你。她把一个世界放在一个故事里给你。她把一辈子的路途放在一天里给你。她把任何庸常生活里没有的全部提拎了来给你。她把你提拎到你的心思里根本就闪现不出来的高贵里。

　　文学就是这样纷纷扬扬地把她的一切都撒落给我们。

　　我们接住！

　　我小的时候，无论如何都没有想过，自己后来是当文学家的。

　　我当文学家后，也是没有想过，除了写作，我还要这样地去拉拢着孩子们，拉拢着成年人，让他们来到文学里，来到浪漫中。

　　我现在最像一个很大的提篮了，坐在我的提篮里的就是那些被我拉拢来的孩子和大人们。

　　做这样的大提篮真好。

　　我这个大提篮很繁忙。

　　这样的繁忙好。

　　更恰当的比喻是，这样的一本本好书，才是真正的大提篮。她把我们带到生命应当去的地方，带到生命最匀称的颜色里，带到我们可以听得见的，我们自己的轻轻的呼吸中。

译　序

陈筱卿

　　19 世纪末到 20 世纪初，在法国，一位昆虫学家的一本令人耳目一新的书出版了。全书共 10 卷，长达二三百万字。该书一出版，便立即成为畅销书，名为《昆虫记》。该书出版之后，好评如潮。

　　该书作者就是让·亨利·法布尔（1823—1915）。他出身贫苦，一生刻苦勤奋、锐意进取、自学成才。他虽一直梦想着能执大学教鞭而终不能遂其心愿，只好屈就中学的教职，以微薄的薪酬维持一家七口的生活。但法布尔并未因此而气馁、消沉，除了兢兢业业地教好书，完成好本职工作外，他还利用业余时间对各种各样的昆虫进行细心的观察研究。他的那股钻劲儿、韧劲儿、孜孜不倦劲儿，简直到了废寝忘食的程度。他对昆虫的那份好奇、那份爱，非常人所能理解。好在他的家人给予了他大力的支持，使他得以埋首于自己的观察研究之中。法布尔对昆虫的研究之深入细致，使他笔下的那些小虫子，一个个活灵活现、栩栩如生，充满着灵性，让人看了之后觉得它们着实可爱，就连一般人所讨厌的食粪虫，让人看了都觉得妙趣横生。我劝读者们不妨拨冗一读这本老少咸宜、国内外皆获好评的有趣的书，你一定会从中感觉到它的美妙、朴实与生动。

目　录

蝉和蚂蚁的寓言

蝉备受蚂蚁的冷落的传说如同利己主义，也就是说如同我们的世界一样，历史久远了。古雅典的孩童背着满袋无花果和油橄榄去上学时，嘴里就已经像是在背书似的嘟囔（nang）这个故事了："冬天到，蚂蚁们把自己受潮的食物搬到太阳下晒干。突然间，一只饥肠辘（lù）辘的蝉跳上前来求乞。它想讨几粒粮食。吝啬的蚂蚁们回答说：'你夏日里欢唱，那冬天你就蹦跳吧。'"

事实真相把寓言作家向我们讲述的东西当作肆意杜撰（zhuàn）给摒（bìng）弃了。当然，蝉和蚂蚁之间有时候是有一些关系的，这是毫无疑问的，只不过，这些关系与人们讲给我们听的正好相反。这些关系并不是出自蝉的主动，它从不需要靠别人的帮助来活下去，而是来自蚂蚁这个贪得无厌的剥削者，它把所有可吃的东西全都搬到自己的粮仓里。无论何时，蝉都不会跑到蚂蚁门前嚷饿去，还一本正经地许诺将来连本带利一并奉还。恰恰相反，是蚂蚁实在饿得不行，跑去乞求那个歌手的。我说的是"乞求"！借和还是从来不存在于掠夺者的习性中的。蚂蚁剥削蝉，厚颜无耻地把它洗劫一空。我们要讲讲这种洗劫，这是至今尚无人知晓的历史悬案。

　　骄阳似火，午后酷热难耐，成群的昆虫干渴难忍，在枯萎打蔫儿的花上爬来爬去，想找点儿水解渴，而蝉却对普遍的水荒不屑一顾。它用它那如钻头般的细嘴，在自己那永不干涸的酒窖中钻了起来。它不停地歌唱着，落在一棵小树的细枝上，钻透那坚硬平滑、被太阳晒得汁液饱满的树皮。它从钻孔中把吸管插进去之后，便一动不动地、聚精会神地、美滋滋地沉浸在汁液和歌声的甜美之中。

　　如果我们多盯着它看一会儿，也许会看到一些意想不到的悲惨事情。果然，许许多多渴得不行的家伙在转悠着。它们发现了这口井，因为井边渗出汁液而暴露了。它们一拥而上，一开始还有点儿小心翼翼的，只是舔舔渗出来的汁液。我看见拥挤在甜蜜的井口旁的有胡蜂、苍蝇、球螋❶、泥蜂、蛛蜂、金匠花金龟，最多的是蚂蚁。

　　最小的，为了靠近清泉，便从蝉的肚腹下钻过去，宽厚仁慈的蝉便抬起爪子，让这些不速之客自由通过。个头儿大的急得直跺脚，挤上前去，飞快地嘬（zuō）上一口，退了出来，跑到旁边的树枝上兜上一圈儿，然后又更加大胆地返回来。不速之客们贪心越来越大：刚才还谨小慎微的它们突然变成了一群乱哄哄的侵略者，一心要把掘井者从井边驱逐掉。

　　在这群冲锋陷阵的强盗中，最大胆最坚决的就是蚂蚁。我看见有一些蚂蚁在咬蝉爪，还看见一些蚂蚁在扯蝉翼尖，趁势爬上蝉背，挠蝉的触角。一只胆大包天的蚂蚁就在我的眼前咬着蝉的吸管，拼命地往外拽。

　　巨蝉被这帮小蚂蚁如此这般地搅扰得没了耐心，终于弃井而去。它在逃走时还向这帮劫匪撒了一泡尿。对于蚂蚁来说，

注释　❶ 球螋：一种昆虫,体宽大,暗褐色。触角 13 节,末端
　　　　2~3 节黄色;前胸背板短宽,半圆形,前侧角尖上翘。

蝉的这种高傲的蔑视无伤大雅！反正它的目的达到了。它成了这口井的主人了，但是，使井冒水的泵（bèng）已不再转，井很快也就干涸了。井水虽少，却甘甜。一旦再有机会，还会用同样的法子再喝上几大口的。

大家都看到了，事实彻底地把寓言臆想的角色给调换过来了。毫不客气、抢劫时决不退缩的求食者是蚂蚁，而甘愿与受苦者分享甘露的能工巧匠是蝉。还有一点也足可以把颠倒的情况调整过来。经过五六个星期漫长的欢唱之后，歌手生命耗尽，从大树高处跌落下来。它的尸体被烈日晒干，被行人的脚踩踏。时刻在寻找战利品的蚂蚁撞见了它。蚂蚁随即把这美食扯碎、肢解、弄烂，搬到自己那丰富的食物堆中去。甚至还可以看到蝉虽已奄奄一息，但翼还在灰土中颤动，可是一小队蚂蚁便拥上去向各个方向拉扯它、撕拽它。此时的蝉伤心至极。看了这同类相残之后，就不难看出这两种昆虫之间到底是什么关系了。

蝉和蚂蚁

1

上帝啊，真热呀！却是蝉的好时光，
它乐至疯狂，欢唱昂扬。
骄阳似火，收割忙。
金色麦浪翻滚，收割者，
弯腰弓背，辛苦劳作不歌唱：
它口干舌燥，有歌无法唱。

这是你的好时光，你就放声唱吧，
娇小可爱的蝉哪，
敲响你的响钹，
扭动你的肚腹，亮出你的两片镜子。
农夫在挥镰，刀起秆落，
刀光在麦浪中闪亮。

小水罐挂在割麦人腰间，

罐中装满水，罐口有草堵塞。
磨刀石凉快地待在木盒里，
不停地有水浇润，
可农夫在烈日下呼哧喘息，
只觉得骨髓都快煮沸。

可你，蝉儿，你可是有清泉解渴呀：
你那尖细的小嘴钻透细枝树皮，
出现一眼清甜多汁的水井。
糖汁顺着窄细的管道涌出。
泉水汩汩流淌，
你美美地吮吸畅快。

啊！太平时光不会总这么长！
左邻右舍尽是窃贼，
外加散兵游勇流浪儿，
都看见你掘了一口甜井。
它们口渴难耐，痛苦地挪上前来，
意欲攫取你的一滴甜浆。
小心点儿呀，我的小可爱：
这帮饥渴非常的家伙，
先是谦卑恭顺，
转眼间就变成无赖疯狂。

它们先是沾沾嘴唇，
然后便不满足于你的剩饭残汤，
它们抬起头来，想把一切沾光。

它们将会如愿以偿。
它们爪似耙，搔弄你的翅尖。
在你宽大的脊背上，
一阵爬上爬下地忙，
抓你的嘴，拽你的角，扯你的脚趾。

它们这儿那儿四处扯，
让你冒火又惆怅。
你滋地一泡尿，
喷向这帮强徒，
你便离开树枝。
你远远地离开这帮无赖，
可它们抢占了你的甜水井，
狂笑不已，满心欢畅，
津津有味地舔着玉液琼浆。

而这帮不知疲倦地吮吸的流浪汉中，
尤数蚂蚁为最强。
苍蝇、黄边胡蜂、胡蜂、鳃角金龟，
等等各色无赖、骗子，
都是大太阳逼迫无奈来到你的井旁，
唯独蚂蚁是铆（mǎo）足劲儿地要把你损伤。
踩你的脚趾，挠你的脸，
捏你的鼻子，躲你腹下乘凉，
凡此种种，唯它最强。
这浑蛋拿你的爪子当梯，
大胆地爬上你的翅膀，

趾高气扬地溜来荡去，
上下奔忙。

2

现在讲述一个不足为信的故事。
早年间，老人们对我们说，
冬季某日，你饥肠辘辘，耷拉着脑袋，
偷偷地前去
蚂蚁的地下大粮仓窥探。

富有的蚂蚁把夜间寒露打湿的麦粒
摊晒在太阳下，
准备存于地窖中。
麦粒已晒干，蚂蚁在装袋。
你眼含泪水，突然光临。
你央求它说："天寒地冻，北风
呼啸，我快饿死了。
你余粮成堆，
借我一点儿，
甜瓜成熟时节，
我定当奉还。"

"借我点儿麦粒吧。"
还是你走吧。
你要是以为它会借给你，
你就大错特错了。

那大袋大袋的粮食，
你休想弄到一星半点儿。
"滚开去，刮桶底儿去吧。
你夏天唱得来劲儿，
冬天就该饿死！"
古老的寓言就是这么说的，
它劝告我们学做吝啬鬼，
看紧钱袋偷着乐……
让那些蠢货尝尽饿肚之苦才满足！

寓言作家说的让我冒火，
竟然说你冬天去寻找
苍蝇、小虫、谷粒，
可你从来不吃这些呀。
麦粒！天哪，你要它干什么！
你自有自己的甘泉，
不求任何其他物。

冬天与你何干！你的后代子孙
在地下酣睡，
而你也将长眠不醒。
你的尸体落下，玉碎香消。
有一天，觅食的蚂蚁，看见了它。

在你干瘪的皮肤上，
可恶的蚂蚁在争抢；
掏空了你的胸腔，把你撕成了碎片，

当作腌货贮藏，
冬天大雪纷飞，这可是美味佳粮。

3

这才是真实的故事，
与寓言所说的完全不一样。
该死的，你们做何感想！
啊，专捡便宜的家伙，
利爪带钩，挺胸腆肚，
带着保险箱统治在世上。

混账的，你们还口吐流言，
说艺术家从不干活儿，
蠢货就该遭殃。
闭上你们的臭嘴吧，
蝉在钻透树皮找佳酿，
你们却偷吃偷喝忙，
它玉碎身亡，你们仍揪住不放。

　　我的朋友用他那富于表达的普罗旺斯❶方言，如此这般地为被寓言作家污蔑的蝉平了反。

注释　❶ 普罗旺斯：法国南部一个地区名，包括马赛等地。

蝉 出 地 洞

　　将近夏至时分，第一批蝉出现了。在人来人往、被太阳暴晒、被踩踏瓷实的一条条小路上，张开着一些能伸进大拇指、与地面持平的圆孔洞。这就是蝉的幼虫从地下深处爬回地面来变成蝉的出洞口。这些洞通常都在最热最干的地方，特别是在道旁路边。出洞的幼虫有锐利的工具，必要时可以穿透泥沙和干黏（nián）土，所以喜欢最硬的地方。

　　我家花园的一条甬道有一堵朝南的墙反射阳光，那儿有许多的蝉出洞时留下的圆洞口。六月的最后几天，我检查了这些刚被遗弃的井坑。地面土很硬，我得用镐来刨。

　　地洞口是圆的，直径约两厘米半。在这些洞口的周围，没有一点儿浮土，没有一点儿推出洞外的土形成的小丘。

　　蝉洞约深四分米。洞是圆柱形，因地势的关系而有点儿弯曲，但始终要靠近垂直线，这样路程是最短的。洞的上下完全畅通无阻。想在洞中找到挖掘时留下的浮土那是徒劳的，哪儿都见不着浮土。洞底是个死胡同，成为一间稍微宽敞些的小屋，四壁光洁，没有任何与延伸的什么通道相连的迹象。

　　根据洞的长度和直径来看，挖出的土有将近两百立方厘米。挖出的土都跑哪儿去了呢？在干燥易碎的土中挖洞，洞坑和洞底小屋的四壁应该是粉末状的，容易塌方，如果只是钻孔而未做任何其他加工的话。可我却惊奇地发现洞壁表面被粉刷过，涂了一层泥浆。洞壁实际上并不是十分光洁，粗糙的表面被一层涂料盖住了。洞壁那易碎的土料浸上黏合剂，便被黏住不脱落了。

蝉的幼虫可以在地洞中来来回回，爬到靠近地面的地方，再下到洞底小屋，而带钩的爪子却未刮擦下土来，否则会堵塞通道，上去很难，回去又不能。矿工用支柱和横梁支撑坑道四壁；地铁的建设者用钢筋水泥加固隧道；蝉的幼虫这个毫不逊色的工程师用泥浆涂抹四壁，让地洞长期使用而不堵塞。

如果我惊动了从洞中出来爬到近旁的一根树枝上去、在上面蜕变成蝉的幼虫的话，它会立即谨慎地爬下树枝，毫无阻碍地爬回洞底小屋里去，这就说明即使此洞就要永远被丢弃了，洞也不会被浮土堵塞起来。

这个上行管道不是幼虫因为急于重见天日匆忙赶制成的，这是一座货真价实的地下小城堡，是幼虫要长期居住的宅子。墙壁进行了加工粉刷就说明了这一点。如果只是钻好之后不久就要丢弃的简单出口的话，就用不着这么费事了。毫无疑问，这也是一种气象观测站，外面天气如何在洞内可以探知。幼虫成熟之后要出洞，但在深深的地下它无法判断外面的气候条件是否适宜。地下的气候变化太慢，不能向幼虫提供精确的气象资料，而这又正是幼虫一生中最重要的时刻——来到阳光下蜕变——所必须了解的。

幼虫几个星期地，也许几个月地耐心地挖土、清道、加固垂直洞壁，却不把地表挖穿，而是与外界隔着一层一指厚的土层。在洞底它比在别处更加精心地修建了一间小屋，那是它的隐蔽所、等候室，如果气象报告说要延期搬迁的话，它就在里面歇息。只要稍微预感到风和日丽的话，它就爬到高处，透过那层薄土盖子探测，看看外面的温度和湿度如何。

蝉洞是个等候室，是个气象观测站，幼虫长期待在里面，有时爬到地表下面去探测一下外面的天气情况，有时便潜于地洞深处更好地隐蔽起来。这就是为什么蝉在地洞深处建有一个合适的歇息所，并将洞壁涂上涂料以防止塌落的原因之所在。

我把一只正在对其洞穴进行挖掘的幼虫给挖了出来。幼虫正开始挖掘时我便有了惊人的发现。一个大拇指一样长的地洞，没有任何的阻塞物，洞底是一间休息室，眼下全部工程就是这个状况。

这只幼虫的颜色比我在它们出洞时捉到的那些幼虫显得苍白得多。眼睛非常大，特别白，混浊不清，看不清东西。在地下视力有什么用？而出了洞的幼虫的眼睛则是黑黑的，闪闪发亮，说明能看得见东西。未来的蝉儿出现在阳光下，就必须寻找，有时还得到离洞口挺远的地方去寻找将在其上蜕变的悬挂树枝。这时候视力就非常重要了。这种在准备蜕变期间的视力的成熟足以告诉我们幼虫并非仓促地即兴挖掘自己的上行通道，而是干了很长的时间。

另外，苍白而眼盲的幼虫比成熟状态时体形要大。它身体内充满了液体，就像是患了水肿。用指头捏住它，尾部便会渗出清亮的液体，弄得全身湿漉漉的。这种由肠内排出来的液体是不是一种尿液？或者只是吸收液汁的胃消化后的残汁？我无法肯定，为了说起来方便，我就称它为尿吧。

喏，这个尿泉就是谜底。幼虫在向前挖掘时，也随时把粉状泥土浇湿，使之成为糊状，并立即用身子把糊状泥压贴在洞壁上。这具有弹性的湿土便糊在了原先干燥的土上，形成泥浆，渗进粗糙的泥土缝隙中去。拌得最稀的泥浆渗透到最里层，剩下的则被幼虫再次挤压、堆积，涂在空余的间隙中。这样一来，坑道便畅通无阻了，一点儿浮土都不见了，因为已被就地和成了泥浆，比原先的没被钻透的泥土更瓷实、更匀称。

幼虫就是在这黏糊糊的泥浆中干活儿来着，所以当它从极其干燥的地下出来时便浑身泥污，让人觉得十分蹊跷（qī qiao）。成虫虽然完全摆脱了矿工的又脏又累的活儿，但并未完全丢弃自己的尿袋；它把剩余的尿液保存起来当作自卫的手段。如果谁离得太近观察它，它就会向这个不知趣的人射出一泡尿，然后便一下子飞走了。蝉尽管性喜干燥，但在它的两种形态中，都是一个了不起的浇灌者。

不过，尽管幼虫身上积满了液体，但它还是没有那么多的液体来把整个地洞挖出的浮土弄湿，并让这些浮土变成易于压实的泥浆。蓄水池干涸了，就得重新蓄水。从哪儿蓄水，又如何蓄水？

我极其小心地、整个儿地挖开了几个地洞，发现洞底小屋壁上嵌着一根生命力很强的树根须须，大小有的如铅笔粗细，有的如麦秸管一般。露出来可以看得见的树根须须短小，只有几毫米。根须的其余部分全都植于周围的土里。当我小心挖掘蝉洞时，总能见到这么一种根须。

要挖洞筑室的蝉，在开始为未来的地道下手之前，总要在一个新鲜的小树根的近旁寻觅一番。它把一点儿根须刨出来，嵌于洞壁，而又不让根须凸出壁外。这墙壁上的有生命的地点，我想就是液汁泉，幼虫尿袋在需要时就可以从那儿得到补充。如果由于用干土和泥而把尿袋用光了，幼虫矿工便下到自己的小屋里去，把吸管插进根须，从那取之不尽的水桶里吸足了水。尿袋灌满之后，它便重新爬上去，继续干活儿，把硬土弄湿，用爪子拍打，再把身边的泥浆拍实、压紧、抹平，畅通无阻的通道便做成了。

如果没有根须那个大水桶，而幼虫体内的蓄水池又干涸了，那会怎么样呢？下面这个实验会告诉我们的。我把一只正从地下爬出来的幼虫捉住了，把它放进一个试管的底部，用松松地堆积起来的一试管干土把它埋起来。这个土柱子高一分米半。这只幼虫刚刚离开的那个地洞比试管长出三倍，虽说是同样的土质，但洞里的土要比试管里的土密实得多。幼虫现在被埋在我那短小的粉状土柱子里，它能重新爬到外面来吗？如果它努力挖的话，肯定是能爬出来的。对于一个刚从硬土地中挖洞的幼虫来说，一个不坚固的障碍能在话下吗？

然而我却有所怀疑。为了最后顶开把它与外界隔开的那道屏障，幼虫已经把最后储备的液体消耗光了。它的尿袋干了，没有活的根须它就毫无办法再把尿袋灌满。我怀疑它无法成功是不无道理的。果不其然，三天后，我看到被埋着的幼虫耗尽了体力，终未能爬上一拇指高。浮土被扒动过，因无黏合剂而无法当场黏合，无法固定不动，刚一拨弄开，便又塌下来，回到幼虫爪下。老这么挖，扒，总也不见大的成效，总是在做无用功。第四天，幼虫便死了。

如果幼虫的尿袋是满的，结果就大不相同。我用一只刚开始准备蜕变的幼虫进行了同样的实验。它的尿袋鼓鼓的，在往外渗，身子都全湿了。对于它来说，这活儿是小菜一碟。松松的土几乎毫无阻力。幼虫稍稍用尿袋的液体润湿，便把土和成了泥浆，黏合起来，再把它们抹开、抹平。地道通了，但不很规则，这倒不假，随着幼虫不断往上爬，它身后几乎给堵上了。看起来好像是幼虫知道自己无法补充水，因而为了尽快地摆脱一个它很陌生的环境而节约自己身上的那仅有的一点儿液体，不到万不得已绝不动用。就这么精打细算的，十来天之后，它终于爬到外面来。

　　出洞口捅开之后，大张着嘴待在那儿，宛如被粗钻头钻出的一个孔。幼虫爬出洞来后，在附近徘徊一阵，寻找一个空中支点，诸如细荆条、百里香丛、禾蒿秆儿、灌木枝杈什么的。一旦找到之后，它便爬上去，用前爪牢牢地抓住，脑袋昂着。其余的爪子，如果树枝有地方的话，也撑在上面；如果树枝很小，没多少地方，两只前爪钩住就足够了。然后便休息片刻，让悬着的爪臂变硬，成为牢不可破的支撑点。这时候，中胸从背部裂开来。蝉从壳中蜕变而出，前后将近半个小时的工夫。蝉从壳中蜕变出来后，与先前的模样儿大相径庭！双翼湿润、沉重、透明，上面有一条条的浅绿色脉络。胸部略呈褐色。身体的其余部分呈浅绿色，有一处处的白斑。这脆弱的小生命需要长时间地沐浴在空气和阳光之中，以强壮身体，改变体色。将近两个小时过去了，却未见有明显的变化。它只是用前爪钩住旧皮囊，稍有点儿微风吹来，它就飘荡起来，始终是那么脆弱，始终是那么绿。最后，体色终于变深了，越来越黑，终于完成了体色改变的过程。这一过程用了半个小时。蝉儿上午九点悬在树枝上，到十二点半的时候，我看着它飞走了。

　　旧壳除了背部的那条裂缝而外，并无破损，并且牢牢地挂在那根树枝上，晚秋的风雨也都没能把它吹落或打下。常常可以看到有的蝉壳一挂就是好几个月，甚至整个冬天都挂在那儿，姿态仍旧同幼虫蜕变时的一模一样。旧壳质地坚固，硬如干羊皮，如同蝉儿的替身似的久久地待在那儿。

螳螂捕食

还有一种南方的昆虫，其令人感兴趣的程度至少与蝉一样，但名声却远不及后者，因为它总是悄无声息。这里的人们称它为"祷上帝"，学名则叫螳螂，拉丁文名为"修女袍"。

天真幼稚的好心的人们，你们犯了多么大的错误哇！它的种种祈祷似的神态掩藏着许多的残忍习性；那两只祈求的臂膀是可怕的劫掠工具。它并不捻动念珠，而是要结果一切从旁经过的猎物。人们怎么也没想到螳螂竟然是直翅目❶食草昆虫中的一个例外，它专门吃活食。它是昆虫界和平居民的老虎，是埋伏着捕捉新鲜肉食的妖魔。可想而知，它力大无穷，又嗜肉成性，外加它那完美而可怕的捕捉器，使它可能成为野地上的一霸。"祷上帝"可能变成了凶神恶煞般的刽（guì）子手。

如果不提它那置人死地的工具，螳螂其实没有什么可以让人担惊受怕的。它甚至不乏其典雅优美，因为它体形矫健，上衣雅致，体色淡绿，薄翼修长。它没有张开如剪刀般的凶残大颚，相反却小嘴尖尖，好像生就是用来啄食的。借助从前胸伸

注释 ❶ 直翅目：一类较常见的昆虫，包括螽斯、蟋蟀、蝼蛄、蝗虫等，全世界已知直翅目昆虫有20000种以上，分布很广。成虫前翅稍硬化，称为"覆翅"，反翅膜质。

出的柔软脖颈，它的头可以转动、左右旋转、俯仰自如。昆虫之中，唯有螳螂引导目光，可以观察，可以打量，几乎还带面部表情。

它整个身躯一副安详状，同极其准确地誉之为杀人机器的前爪相比起来，反差极大。它的腰肢异常地长而有力，其功用就是向前伸出狼夹子，不是坐等送死鬼，而是去捕捉猎物。捕捉器稍有点儿装饰，颇为漂亮。腰肢内侧饰有一个美丽的黑圆点，中心有白斑，圆点周围有几排细珍珠点作为陪衬。

它的大腿更加的长，宛如扁平的纺锤，前半段内侧有两行尖利的齿刺。里面一行有十二颗长短相间的齿刺，长的黑色，短的绿色。这种长短齿刺相间增加了啮合点，使利器更加锋利有效。外面的一行简单得多，只有四颗齿刺。两行齿刺末端有三颗最长的。总之，大腿是一把双排平行刃口的钢锯，其间隔着一条细槽，小腿屈起可放入其间。

小腿与大腿由关节相连，伸屈非常灵活，它也是一把双排刃口钢锯，齿刺比大腿上的钢锯短些，但数量更多更密。末端有一硬钩，其尖利程度可与最好的钢针相媲（pì）美，钩下有一小槽，槽两侧是双刃弯刀或截枝剪。

这硬钩是高精度的穿刺切割工具，让我一看到就觉得后怕。这家伙用截枝剪挠你、用尖钩划你、用钳子夹你，让你几乎无还手之力，除非你用拇指捏碎它，结束战斗，那样的话，你也就抓不着活的了。

螳螂在休息时，捕捉器折起来，举于胸前，看上去并不伤害别人，一副在祈祷的昆虫的架势。但是，一旦猎物突然出现，它就立刻收起它那副祈祷姿态。捕捉器的那三段长构件突地伸展开去，末端伸到最远处，抓住猎物后便收回来，把猎物送到两把钢锯之间。老虎钳宛如手臂内弯似的，夹紧猎物，这就算是大功告成了：蝗虫、蚱蜢或其他更厉害的昆虫，一旦夹在那四排尖齿交错之中，便小命呜呼了。无论它如何拼命挣扎，又扭又蹬，螳螂那可怕的凶器是死咬住不放的。

对螳螂的习性进行系统研究的话，必须要在家中饲养，在野外它无拘无束的情况下，是研究不了的。饲养它并不困难，因为只要有好吃好喝的伺候，它并不在乎被囚在钟形罩中。我们得每天给它精美食物，天天换样儿，那它就不怎么会因失去荆棘丛而感觉遗憾了。

我准备了十来只宽大的金属网罩，用来关押我的囚徒，同饭桌上罩饭菜防苍蝇的网罩一样。每一个罩子都扣在一个装满沙子的瓦罐上。笼里放着一束干百里香、一块为将来产卵用的平石头，这就是它的全部家当。这一座座的小屋排放在我动物实验室的大桌子上，那儿白天大部分时间日照充足。我把我的俘虏们关在笼子里，有的单独囚禁，有的集体关押。

我是八月下旬开始在路边干草堆中和荆棘丛里看到成年螳螂的。肚子已经很大了的雌性螳螂日见增多。而它们的瘦弱的雄性伴侣却比较少见，我有时得花很大的劲儿才能给我的那些雌性俘虏配对，因为囚笼中那些雄性小个子经常被悲惨地吃掉。这种惨剧我们先按下不表，先来说说那些雌性螳螂。

雌性螳螂饭量极大，喂养时间长达数月，所以食物的维系并非易事。几乎必须每天更换食物，而大部分都是被它们稍微尝上几口便不屑地弃之不食了。我敢相信，螳螂在它们的出生地荆棘丛中，要更注意节约些的。由于猎物不充足，它们会把到手的食物吃干净为止，可在我的笼子里，它们就大手大脚的了，常常是咬上几口之后，便把那鲜美的食物撇下不吃了。它们似乎在以这种方式排遣被囚禁之烦恼吧。

我每天在围墙周围转悠，企图能为我的住客们弄点儿鲜美猎物。这些美味食物是我想用来了解螳螂的胆量和力气到底有多大的。在这些美味之中，大灰蝗虫要比螳螂大很多；白额螽（zhōng）斯的大颚有力，还有两种可怕的猎物：一个是圆网蛛，肚子似圆盘；另一个是冠冕蛛，形象凶恶，令人望而生畏。

各种各样的蝗虫，还有蝴蝶、蜻蜓、大苍蝇、蜜蜂以及其他中不溜儿的昆虫，都是它日常所能抓到的猎物。反正，在我的笼子里，大胆的女猎手在任何猎物前都没有退缩过。无论是灰蝗虫还是螽斯，也无论是圆网蛛还是冠冕蛛，迟早都逃不脱它的利爪，在它的锯齿内动弹不得，被它津津有味地嚼食。这种情形是值得讲述一下的。

一看见罩壁上傻乎乎靠近的大蝗虫，螳螂痉挛似的一颤，突然摆出吓人的姿态。电流击打也不会产生这么快的效应的。那转变是如此突然，样子是如此吓人，以致一个没有经验的观察者会立即犹豫起来，把手缩回来，生怕发生意外。

鞘翅❶随即张开，斜拖在两侧；双翼整个儿展开来，似两张平行的船帆立着，宛如脊背上竖起阔大的鸡冠；腹端蜷成曲棍状，先翘起来，然后放下，再突然一抖，放松下来，随即发出"噗、噗"的声响，宛如火鸡展屏时发出的声音一般。也像是突然受惊的游蛇吐芯儿时的声响。

身子傲岸地支在四条后腿上，上身几乎呈垂直状。原先收缩相互贴在胸前的劫持爪，现在完全张开，呈十字形挺出，露出装点着排排珍珠粒的腋窝，中间还露出一个白心黑圆点。这黑的圆点恍如孔雀尾羽上的斑点，再加上那些象牙质的纤细凸纹，是它战斗时的法宝，平时是密藏着的，只是在打斗时为了显得凶恶可怕，盛气凌人，才展露出来。

注释 ❶ 鞘翅：全部骨化，坚硬，主要用于保护昆虫的后翅与背部。

螳螂以这种奇特姿态一动不动地待着，目光死死地盯住大蝗虫，对方移动，它的脑袋也跟着稍稍转动。这种架势的目的是显而易见的：螳螂是想震慑、吓瘫强壮的猎物，如果后者没被吓破了胆的话，后果将不堪设想。

它成功了吗？谁也搞不清楚螽斯那光亮的脑袋里或蝗虫那长脸后面在想些什么。它们那麻木的面罩上没有任何的惊恐呈现在我们的眼前。但是，可以肯定被威胁者是知道危险的存在的。它看见自己面前挺立着一个怪物，高举着双钩，准备扑下来；它感到自己面对着死亡，但还来得及，它却并没有逃走。它本是个长腿的蹦跳者，善于高跳，轻而易举地就能跳出对方利爪的范围，可它却偏偏蠢乎乎地待在原地，甚至还慢慢地向对方靠近。

据说，小鸟见到蛇张开的大嘴会吓瘫，看见蛇的凶狠目光会动弹不得，任由对方吞食。许多时候，蝗虫差不多也是这么一种状态。现在它已落入对方威慑的范围。螳螂将两只大弯钩猛压下来，爪子一抓，双锯合拢、夹紧。不幸的蝗虫已无还手之力：它的大颚咬不着螳螂，后腿只是胡乱地蹬踢。它的小命休矣。螳螂收起它的战旗——翅膀，复现常态，开始美餐。

在抓获蚱蜢和距螽这种危险小于大灰蝗虫和螽斯的昆虫时，螳螂那魔怪般的姿态没有那么咄咄逼人，持续时间也没那么长。它只需将大弯钩一伸就解决问题了。对付蜘蛛也是如此，只需拦腰抓住对方，就用不着担心其毒钩了。对于其日常食物——不起眼的蝗虫，无论是在我笼子里的还是野地里的，螳螂都极少用它的震慑法子，它只是一把抓住闯进它的势力范围的冒失鬼就完事了。

当要捕食的活物可能会进行顽强抵抗时，螳螂则不敢怠慢，要利用一种震慑、恫吓猎物的姿态，让自己的利钩有办法稳稳

地钩住对方。随后，它的狼夹子便把吓傻了无还手之力的受害者夹紧。它就是以这种迅猛的魔怪般的姿态把自己的猎物吓瘫了的。

在这种怪诞的姿势中，双翅起了很大的作用。螳螂的翅膀很宽大，外边缘呈绿色，其余部分系无色半透明的。纵向上有许多经翅脉，呈扇面状辐射开来。还有一些更细的、横向的翅脉，呈直角地与纵向翅脉相切，与之形成无数的网眼。在呈魔怪姿态时，翅膀展开，立成两个平行的平面，几乎相互触及，犹如昼间休憩（qì）的蝴蝶的翅膀一样。两翅之间，翘卷着的腹端突然剧烈抖动起来。肚腹摩擦翅脉，发出一种喘息声，我把它比作处于防御的游蛇吐芯儿的声音。如果要模仿这种声响，只需用指尖快速擦过展开的翅膀的正面即可。

几天没吃食的螳螂，因饥饿难忍，能一下子把与它相同大小或比它个头儿大的灰蝗虫全部吃掉，只撇下其翅膀，因为翅膀太硬而无法消受。为了吃光这么个大猎物，它需要两小时。但这么狼吞虎咽的情况甚是罕见。我曾见到过一两次，我当时就一直纳闷儿，这个饕餮（tāo tiè）❶者是怎么找到地方存这么多的食物的？容量小于容积的原理是怎么颠倒过来为螳螂服务的？我惊叹它的胃的高超特性，竟能让食物立即消化、溶解，穿肠而过。

虽然说它那尖尖小嘴似乎并不像是生就为大吃大喝所用的，可猎物却被它吃光了，只剩下双翅，而且，翅根上多少有点儿肉的地方也没有放过。爪子、硬皮全都穿肠而过。有时候，螳螂抓住一条肥硕的后大腿，送到嘴边，细细地品味着，一副心满意足的神态。

注释 ❶ 饕餮:传说中的一种凶恶贪食的野兽。现多用于比喻凶恶、贪婪或贪吃的人。

螳螂先从猎物的颈部下口。当一只劫持爪拦腰抓住猎获物时，另一只则按住后者的头，使脖颈上方断裂开来。于是，螳螂便把尖嘴从这失去护甲的地方插进去，锲而不舍地啃吃开来。猎物颈部裂开了大口，头部淋巴已遭破坏，蹬踢也就随之停止，猎物便成了一个没有知觉的尸体，螳螂因而可以自由选择，想吃哪儿就吃哪儿了。

灰 蝗 虫

我刚刚看到一件激动人心的事：一只蝗虫在最后蜕皮，成虫从幼虫的壳套中钻了出来。情景壮观极了。我观察的是一只灰蝗虫，是蝗虫族类中的巨人，九月葡萄收获季节在葡萄藤上常常见到它。它身体有一个手指长，所以比别的蝗虫观察起来方便得多。

幼虫肥胖难看，但已具有成虫的粗略模样，通常呈嫩绿色，但也有的是青绿色、淡黄色、红褐色，甚至有的已像成虫的那种灰色了。其前胸呈明显的流线型，并有圆齿，还有小的白点，多疣；后腿已像成年蝗虫一样粗壮有力，饰有红色纹路，而长长的上腿上长着双面锯齿。

鞘翅再过几天就将大大超过肚腹，但目前还只是两片不起眼的三角形小羽翼，上端贴在流线型前胸上，下端边缘往上翘起，呈尖形披檐状。鞘翅勉强能遮住裸体蝗虫背部，宛如西服的垂尾，因省料子而剪短不够长，显得十分难看。鞘翅遮盖着的是两条细长小带子，那是翅膀的胚芽，比鞘翅还要短小。

总之，很快将成为灵巧漂亮的羽翼，眼下还是两块为节省布料而剪得难看至极的破布头。从这堆破烂玩意儿里将有什么东西跑出来呢？是一对极其宽阔而美丽的翅膀。

咱们先仔细地观察一番事情的经过。幼虫感到自己已经成熟，可以蜕变之后，便用后爪和关节部位抓住网纱。而前腿则收回，交叉在胸前待命，以支持背朝下躺着的成虫翻转身来。鞘翅的鞘——三角形小翼呈直角地张开其尖帆；那两条翅膀胚芽的细长小带子在暴露出的间隔处的中央竖起，并微微分开。这样，蜕皮的架势业已摆好，稳稳当当的。

首先必须让旧外套裂开。在前胸前端下部，由于反复一张一缩的缘故，推动力便产生了。在颈部前端，也许在要裂开的外壳掩盖下的全身都在进行着这种一张一缩的反复运动。关节部位薄膜细薄，可以让人一眼看到在这些裸露地方的张缩运动，但前胸中央部位因有护甲挡着就看不出来了。

蝗虫中央部位血液在一涌一退地流动着。血液涌上时宛如液压打桩机一般一下一下地撞击着。血液的这种撞击，机体集中精力产生的这种喷射，使得外皮终于沿着因生命的精确预见而准备好的一条阻力最小的细线裂开。裂缝沿着整个前胸的流线体张开，宛如从两个对称部分的焊（hàn）接线裂开一样。外套的其他部分都无法挣开，只有在这个比其他部位都薄弱的中间地带裂开。裂缝稍稍往后延伸了一点儿，下到翅膀的连接处，然后再转到头部，直至触须底部，在此处分成左右短叉。

背部从这个裂口显露出来，软软的，苍白的，稍稍带点儿灰色。背部在缓慢地拱起，越拱越大，终于全拱出来了。

随后头也拱出来了。外壳被撇在原地，完好无损，但两只玻璃状的眼睛已什么也看不见了，样子极怪；触须的套子没有一丝皱纹，也未见任何异样，处于自然状态，垂在这张变成半透明的已无生气的脸上。

触须在从这么窄小又裹得如此紧的外套中钻出来时并没有遇到任何阻力，所以外套没有翻转过来，没有变形，连一点儿褶（zhě）皱都没弄出来。触须的体积与外壳大小一样，而且同样是有节瘤的，可它却并未损坏外壳，轻易地从中钻了出来，如同一个光滑直溜儿的物件从一个宽大无障碍的管子里滑落出来一般。后腿的伸出也一样轻而易举，且更令人震惊。

现在该是前腿然后是关节部位摆脱臂铠和护手甲了，但也未见有丝毫撕裂，没有丝毫的褶皱，没有丝毫的自然位置的变异。此时蝗虫只用长长的后腿的爪子抓住网罩。它垂直悬吊着，头冲下，我一碰纱网，它就像钟摆似的摆动起来。它的悬吊支点是四个细小的弯钩。

这四个弯钩抓得牢牢的，因为在它们从外壳伸出来之前，生命就使它们变得坚硬牢固，能稳稳当当地承受起随后的从外壳中挣脱的使命。

现在鞘翅和翅膀渐渐出来。那是四个窄小的破片，隐约可见一些条纹，状如被撕裂的小纸绳，顶多只有最终长度的四分之一。

它们软极了，支撑不了自身重量，耷拉在头朝下的身子两侧。翅膀末端无所依靠，本该冲着后部，但现在却冲着倒挂的蝗虫的头部。蝗虫未来飞行器官那副惨相如同原本肉乎乎的四片小叶子被暴风雨打得破败不堪的模样。

为了让自己臻（zhēn）于完善，必须进行一项深入细致的工作。这项机体内的工作甚至已经在充分地进行着，也就是把黏液凝固，让不成形的结构定型，但是，从外部丝毫看不出来其内部的这种神秘的实验。外面看上去，蝗虫似乎毫无生气。

这期间，后腿摆脱开来。粗大的大腿呈现出来，向内的一侧呈淡粉红色，但很快便变成了鲜艳的胭脂红。后腿出来很容易，把收缩的骨头一伸，道路便畅通无阻了。

但小腿就是另一码事了。当蝗虫成为成虫时，整条小腿上竖着两排坚硬锋利的小刺。另外，下部顶端有四个有力的弯钩。

这是一把货真价实的锯，有两排平行的锯齿，极其粗壮有力，除了小点儿而外，真可以与采石工人的大锯相媲美。

幼虫的小腿结构相同，因此也是裹在有着同样装置的外套里。每个弯钩都嵌在一个同样的钩壳之中，每个锯齿都与另一个同样的锯齿相啮合，而且咬合得严丝合缝，即使用刷子刷上一层清漆来替代要蜕掉的外壳也不如它们那么紧紧相贴的。

然而，胫骨的这把锯子从中蜕出来时却没有让紧贴着外壳的任何地方有一点点损伤。如果我没有一而再，再而三地仔细观察，我是不敢相信的。被抛弃的小腿护甲完完整整，毫发未损。无论末端的弯钩还是双排锯齿都没有弄坏一点儿软嫩的外壳。那外壳细嫩得一口气都能把它吹破似的，但尖利的大耙在其间滑动却未留下一丝的擦伤。

我远未想到会是这么种情况。我看到那披着刺棘的铠甲时，我就以为小腿上的外壳会像死皮似的自己一块块脱落，或者被擦碰掉下。但事实却远非如此，这大出我所料！

弯钩和刺棘毫不费力、没有一点儿阻碍地从薄膜里出来了，可它们却是能让小腿形同一把可锯断软木头的锯子的呀。脱下来的衣服靠在其爪状外皮，钩在网罩的圆顶上，无一丝一毫的褶皱和裂缝，用放大镜也没看到有什么硬擦伤。外壳蜕皮前后完全一模一样。那蜕下的护胫也同那条真腿一样，无丝毫的差异。

胫骨锯一出了套既然是那么的坚硬，所以紧紧地裹住它的套子不被弄碎肯定它是出不来的。但困难被它绕开来了，因为胫甲是它唯一的悬挂带，必须绝对地完好无损，才能给它提供牢固的支撑直至它完全摆脱出来。

正在努力挣脱的腿还不是能够行走的肢体，它还没有达到随后不久的那种硬度。它非常软，极易弯曲。我对它的蜕皮部分做了实验，我把网罩倾斜，便会看到已经蜕皮部分因受重力影响，随我的意愿在弯曲。呈细小的带状弹性胶质也没什么弹性了。但是，它很快就硬了起来，只几分钟工夫，它便具有所必需的硬度。

再往前些，在外套遮住我看不见的部分里，小腿肯定要软，处于一种极具弹性的状态，可以说是流体状的，这使得它几乎可以像液体似的从通道中流出来。

小腿上这时已经有锯齿了，但并不像它出来之后那么尖利。的确，我可以用小刀尖替小腿部分地剔去外壳，并拔除被模子紧裹着的小刺。这些小刺是锯齿的胚芽，是柔软的肉芽，稍加外力便会弯曲，外力一除又立刻恢复原状。

这些小刺是向后仰倒以利蜕出，而随着小腿的往外伸出，它们也在逐渐地竖起、变硬。我所观察着的不是单纯地把护腿套蜕去，露出在盔甲中已成形的胫骨，而是一种以其迅速而令我惊讶不已的诞生过程。

鳌（áo）虾的钳子在蜕皮时把两只手指的嫩肉从硬如石头的旧套中挣脱出来时，情况差不多也是这样，但细腻精确的程度却远不及蝗虫。

现在，小腿终于自由了。它们软软地折进大腿的骨沟里，一动不动地在成熟起来。肚腹蜕皮了，它那件精细的外套出现了皱纹，在往上蜕去，直至顶端，只有这顶端还在壳内卡了一会儿，除此而外，蝗虫全身都已露在外面。

它垂直地吊挂着，头朝下，由现已空了的小腿护甲的钩爪钩住。

蝗虫一动不动，后部由破烂衣衫固定着。它的肚子鼓胀得非常之大，看上去像是由储存的机体液汁撑起来的，翅膀和鞘翅很快就要动用这些液汁的。蝗虫在休息，在恢复元气，一直这么等了有二十分钟。

　　然后，只见它脊椎一着力，由倒悬成正挂，用前跗（fū）节抓牢挂在头上的旧壳。用脚倒钩高空秋千倒挂着的杂技演员为了正过身来，腰部也没有这么用力的。这么用力的一个翻转之后，其他的就不在话下了。

　　蝗虫依靠自己刚刚抓住了支撑物，便稍稍往上爬，碰到了罩子的网纱，这网纱恍若在野地里蜕变时所依托的灌木丛。它用四只前爪把自己固定在网纱上，这么一来肚腹末端就完全解脱了，然后又猛地最后一挣，旧壳便掉了下去。

　　我们再回头看看那些蜕皮之后表面上没有丝毫变化的鞘翅和翅膀吧。它们仍旧是残缺不全，几乎像是上面有细竖条纹的小绳头。它们要等到幼虫完全蜕皮并恢复正常姿态之后才会展开。

　　我们刚才看到蝗虫翻转身子，头朝上了。这种翻身动作，足以让鞘翅和翅膀回到正常位置。原先，鞘翅和翅膀因自身重量而极其柔软地弯曲地垂着，自由的一端朝着倒置的头部。

　　此刻，它们仍旧因自身的重量在修正姿势，处于正常方向。它们已不再有弯曲的花瓣，颠倒的位置也调整过来，但这并没使它们那不起眼的外表有任何的改变。

　　翅膀完全张开时呈扇形。一束轮辐状的粗壮翅脉横贯翅膀，成为可张可缩的翅膀构架。翅脉间，有无数横向排列的小支架层层叠起，使整个翅膀成为一个带矩形网眼的网络。鞘翅粗糙而过小，也是这种网络结构，但网眼是方块形的。

　　鞘翅和翅膀状若小绳头时，都看不出这种带网眼的组织来。上面仅仅是几条皱纹，几条弯曲的小沟，表明这些残废肢体是经精巧折叠使体积达到最小的织物构成的东西。

　　翅膀的展开是从肩部附近开始的。那儿一开始看不出有什么变化，但很快便现出一块半透明的纹区，有着清晰而美丽的网络。

渐渐地，这块纹区用一种连放大镜都观察不到的缓慢速度在一点点扩张，致使末端那胖得不成形状的东西在相应地缩小。

我折断一个发育了一半的翅膀，用大倍数的显微镜对着仔细观察。在似乎逐渐结网的两部分的交接处，这个网络实际上已预先存在着。我很清楚地辨别出其中的已经粗壮的竖翅脉；我还看见其中横向排着的支架，尽管它们确实还很苍白且不凸出。我成功地把末端的几块碎片展开来，找到了要找的一切。

翅膀此刻并不是织布机上由电动梭子生产出来的一块布料，而是一块已经完全织成了的成品布料。它所欠缺的只是展开和刚性，无须费多少事了，这就像熨衣服时用熨斗一熨就成了。

三个多小时过后，鞘翅和翅膀就全部展开了。它们竖立在蝗虫背上，呈一张大帆状，忽而无色，忽而嫩绿，如同蝉翼一开始那样。

这个竖起四块平板来的绝妙大翅膀缓慢地坚硬起来，还增加了色彩。第二天，那颜色便已定型。翅膀第一次折合成一把扇子，贴在自己应在的地方；鞘翅则把外边缘弯成一道钩贴在体侧。蜕变完成了。大灰蝗虫只剩下在灿烂的阳光下使自己更加壮实，使自己的外衣晒成灰色。让它去享受自己的快乐吧。

绿 蚱 蜢

夜已深了，蝉鸣声止。整个白昼，它们饱尝阳光和炎热，尽情欢唱不止，而夜晚来临，它们要歇息了，但是它们却常常被搅扰得无法休息。在梧桐树那浓密的枝杈中，突然会传来一声如哀鸣般的闷响，短促而凄厉。这是被绿蚱蜢突然袭击所惊扰的蝉的绝望哀号；绿蚱蜢是夜间凶猛凌厉的猎手，它向蝉扑去，拦腰将蝉抱住，把它开膛破肚，掏心取肺。欢歌曼舞之后，竟是杀戮。

在我的住处附近，绿蚱蜢似乎并不多见。去年，我计划着研究研究这种昆虫，但是一直没有找到过它，只好恳求一位看林人帮忙，他终于帮我从拉加尔德高原弄到两对绿蚱蜢。那里是严寒地区，山毛榉（jǔ）现在正开始往旺杜峰长上去。

好运总是要先将人捉弄一番，然后才向着坚韧不拔者微笑的。去年久寻不见的绿蚱蜢，今夏已经几乎是随处可见了。我用不着走出我那狭小的园子就能捉到它们，想要捉多少就有多少。每天晚上，我都听见它们在茂密的树丛草棵中鸣叫。把握好这个好时机，机不可失，时不再来。

自六月份起，我便把我所捉到的足够的一对对绿蚱蜢关进一只金属网钟形罩中，下面是一只瓦罐，铺了一层沙子作底。

这漂亮的昆虫简直棒极了，全身淡绿色，身体两侧有两条淡白色的饰带。它体形优美，身轻体健，一对罗纱大翅膀，是蝗虫科昆虫中最优雅美丽的。我因捉到这样的一些俘虏而扬扬自得。它们将会告诉我些什么呀？等着瞧吧。眼下必须把它们喂养好。

我给这帮囚徒喂莴苣（wō jù）叶。它们果然在啃咬，但是吃得极少，而且不屑吃的样子。我很快就弄明白了：我养的是一些不太甘愿吃素的家伙。它们需要别的，看上去是想捕捉活食。但到底是哪种活食呢？一个偶然的机会，碰巧让我知道了是什么。

破晓时分，我在门前溜达，突然旁边一棵梧桐树上掉下点儿什么东西，还吱吱地在叫。我赶忙跑上前去，是一只蚱蜢在掏空被它抓住的一只蝉的肚腹。蝉徒劳地鸣叫，挣扎，蚱蜢始终紧咬住不放，把脑袋深扎进蝉的内脏中，一小口一小口地撕拽出来。

我明白了：蚱蜢是一大早在树的高处趁蝉歇息时发动袭击的，受袭的被活活地开膛的蝉猛然一惊，随即进攻者和被袭者扭成一团跌落下来。那次以后，我曾多次看到这类似的屠杀场面。

我甚至见到过胆量过人的蚱蜢蹿起追扑晕头转向乱飞逃命的蝉，犹如在高空中追逐云雀的苍鹰。与胆量过人的蚱蜢相比，猛禽略逊一筹。苍鹰是专攻比自己弱小的动物，而蝗虫类则相反，攻击比自己个头儿大得多、强壮得多的庞然大物，而这场个头儿相差许多的肉搏的结果是小个头儿必赢无疑。蚱蜢有极强的下颚和利爪，很少不把对手开膛破肚的，而后者因没有武器，只有哀号和挣扎的份儿了。

要紧的是要把猎物攥住，这倒并不难，趁夜间猎物打盹儿的工夫下手即可。凡是被夜巡的凶猛的蚱蜢撞上的蝉都难免惨死。这就可以理解了，为什么夜阑（lán）人静、蝉声停叫之时，

有时会突然听见树冠中传出吱吱的惨叫声。那是身着淡绿色衣服的强盗刚刚捉住一只入睡了的蝉。

我找到了我的食客们所需之食物了：我就用蝉来喂养它们。它们觉得这道菜非常合胃口，所以两三个星期的工夫，我那笼子里就一片狼藉，蝉脑袋、空胸壳、断翅膀、断肢碎爪，无处不在。只有肚子几乎整个儿地不见了。肚腹是块好肉，虽然营养成分不高，但看来味道很好。

确实，蝉腹中的嗉囊里积存着糖浆，那是蝉用自己的小钻从嫩树皮里汲出来的香甜液汁。是否就因为这种"蜜饯"的缘故，蝉的肚腹才成为"猎人"的首选？这很可能。

为了使食谱多样化，我其实还专门喂它们一些香甜的水果，比如梨片、葡萄、甜瓜片等。这些水果它们全都很爱吃。绿蚱蜢就像英国人：非常喜欢浇上果酱的牛排。也许这就是为什么它一抓住蝉，就把蝉开膛破肚的缘故：蝉的肚子里装着裹着果酱的鲜美肉食。

并非在任何地方都可以吃到这种甜蝉美味的。在北方地区，绿蚱蜢遍地皆是，它们不可能找得到它们在我们这儿所热衷的这种美食。它们大概还有别的吃食。

为了弄清楚这个问题，我给它们喂细毛鳃角金龟，这是一种夏季鳃角金龟，与春季鳃角金龟相同。这种鞘翅昆虫一扔进笼里，绿蚱蜢们便毫不迟疑地扑上去了，吃得只剩下鞘翅、脑袋和爪子。我又投进去漂亮而肉肥的松树鳃角金龟，结果也一样，第二天我发现它被那帮凶神恶煞给开膛破肚了。

这些例子已足以说明问题了。这证明蚱蜢是个嗜食昆虫者，尤其爱吃没有过硬甲胄保护的那些昆虫；这还证明它们特别喜欢肉食，但又像螳螂那样只吃自己捕获的猎物。这个蝉的刽子手还知道肉食热量太高，需用素食加以调剂。吃完肉喝完血之后，还要来点儿水果什么的，有时候，实在没有水果，来点儿草吃吃也是可以的。

然而，同类相残仍然存在。其实我还从未看到我笼中的飞蝗像螳螂那样的野蛮行径，后者经常拿自己的情侣开刀，吞食自己的情侣。不过，假若笼中的某个体弱的飞蝗倒下，幸存者们会像对待一般猎物那样毫不迟疑地扑上去的。它们并不是因为食物匮乏才以死去的同伴充饥的。不管怎么说，凡是身有佩刀的昆虫都不同程度地有以伤残同伴为食的癖好。

除了这一点而外，我笼子里的飞蝗们倒是和平共处地生活着。它们彼此之间从未见有过狠打狠斗，顶多也就是因食物而稍许争抢一番而已。我刚扔进笼子里一片梨，一只飞蝗便立即霸占上了。因为怕别人来争抢，它就踢腿蹬脚，不让别人过来抢它的美食。它吃饱了，就把位子让给别人，后者随即也霸道地占着梨片。笼中的食客就这么一个一个地飞上去占上一番。吃饱喝足之后，大家便用大颚尖挠挠脚掌，用爪子蘸点儿唾沫擦擦额头和眼睛，然后便用爪子抓住网纱或躺在沙地上，做沉思状，悠然自得地在消食。白天的大部分时间都睡大觉，尤其是天气炎热时，更是如此。

到了日落西山、夜幕降临时，这帮家伙劲头儿便上来了。九点钟光景，闹腾得最欢。忽而猛地冲上圆顶高处，忽而兴冲冲地下来，一会儿再冲上去。大家吵嚷着来来去去，在环形道上跑跑跳跳，遇上好吃的便咬上两口，也不停下来。

雄性绿蚱蜢待在一旁，用触须挑逗路过的雌性。未来的母亲们庄重严肃地踱着步，佩刀半抬着。对于那些猴急的狂热雄性来说，现在的大事就是交配。有经验者一看就知道它们想干什么。

这也是我所观察的主要内容。我的愿望得以满足，但并不是完全满足，因为下面的好事拖得太晚，我没能看到最后那一幕。那最后的一幕要拖到深夜或者凌晨。

我所看到的那一点点只局限于没完没了的序幕那一段。热恋的情侣面对面，几乎头碰头地用各自的柔软触角彼此触摸，互相试探。它们仿佛两个用花剑互击以示友好的对手。雄性不时地鸣叫几声，用琴弓拉上几下，然后便寂然无声，也许是因为过于激动而没继续拉下去。十一点了，求爱仍未结束。我实在是困得不行，颇为遗憾地撇下了这对情侣。

第二天早晨，雌性产卵管根部下方吊挂着一个奇特的玩意儿，是装着精子的口袋，宛如一只乳白色的小灯泡，大小如天平砝码，隐约地分成数量不多的长圆形囊泡。当雌性绿蚱蜢走动时，那小灯泡擦着地，沾上一些沙粒。然后，它拿这个受孕的小灯泡当作盛宴，慢慢地将其中的东西吸尽，再咬住干薄皮囊，久久地反复咀嚼，最后再全部吞咽下去。不到半天工夫，那乳白色的赘（zhuì）物消失了，连渣渣末末都全部被它美滋滋地吃光了。

大孔雀蝶

　　谁不认识这美丽的蝴蝶？它是欧洲最大的蝴蝶，穿着栗色天鹅绒外衣，系着白色皮毛领带。翅膀上满是灰白相间的斑点，一条淡白色之字形线条穿过其间，线条周边呈烟灰白，翅膀中央有一个圆形斑点，宛如一只黑色的大眼睛，瞳（tóng）仁中闪烁着黑色、白色、栗色、鸡冠花红色的呈彩虹状的变幻莫测的色彩。

　　它那体色模糊泛黄的毛虫也同样美丽好看。它那稀疏地环绕着一圈黑纤毛的体节末端，镶嵌着青绿色的珍珠。它那粗壮的褐色茧形状极其奇特，口部状如渔民的捕鱼篓，通常紧贴在老巴旦杏树根部的树皮上。这种树的树叶是其毛虫的美味食物。

　　五月六日那天早上，一只雌性大孔雀蝶在我面前的实验室桌子上破茧而出。它因孵化时的潮湿而浑身湿漉漉的，我立即用金属网罩把它罩了起来。我这也是灵机一动才这么做的，因为我还没有针对它的特殊安排。我只是凭着观察者的简单习惯把它关了起来，时刻密切注意可能会出现的情况。

　　晚上九点钟光景，全家人都躺下睡觉了，我隔壁房间乱糟糟的一阵响动。小保尔没怎么穿衣服，来回走动，又蹦又跳，跺脚踢物，弄翻椅子，简直像疯了似的。只听见他一个劲儿地在喊我。

　　我赶忙奔过去一看，是巨大的蝴蝶的入侵。有四只已经被抓住，关进了麻雀笼里。还有大量的全都在天花板上飞来飞去。

　　见此情景，我立刻想起了早晨被我关起来的那只雌性大孔雀蝶来。

　　我们来到住宅右翼我的实验室。我们手里拿着一支蜡烛，冲进了房间。只见一群大蝴蝶轻拍着翅膀，围着钟形罩飞舞，落在罩子上，忽而又飞走，然后又飞回来，再飞向天花板，继而又飞下来。它们扑向蜡烛，翅膀一扇，蜡烛灭了。它们又扑向我们肩头，钩住我们的衣服，轻擦着我们的面孔。

　　它们总数有四十来只。我要说，这是一次难忘的大孔雀蝶的晚会。它们不知是如何得知消息的，从四面八方赶来。其实，那是四十来个情人，急不可耐地赶来向今晨在我实验室的神秘氛围中诞生的女子致意的。

　　现在，来谈谈我观察的这一个星期里的所有情景中的重复见到的情况。每次都发生在晚上八点到十点之间；蝴蝶们是一只一只飞来的。是暴风雨的天气，天空乌云翻滚，一片漆黑，花园里、露天地、树丛内，伸手不见五指。

　　对于这些到访者来说，除了这漆黑之夜而外，住所也难以进入。房屋掩映在一些高大的梧桐树下；屋前向外前厅似的是一条两边长着厚厚的丁香和玫瑰树篱的甬道；屋前还有丛丛松树和杉柏帷（wéi）幕在抵挡凛冽的西北风的侵袭。大门不远处还有一道小灌木丛形成的壁垒。大孔雀蝶要赶到朝圣地就必须在漆黑的夜晚穿越这杂乱的树枝屏障，左冲右突，迂回前进。

　　大孔雀蝶装备精良，它长着多面的小光学眼睛，敢于毫不迟疑地勇往直前，顺利通过，没有发生碰撞。它迂回曲折地飞行着，方向掌握得非常之好，所以尽管越过了重重障碍，抵达时仍精神抖擞，大翅膀没有丝毫的擦伤，完好无损。对于它来说，黑夜中的那点儿光亮已足够了。

即使认为大孔雀蝶具有某些普通视网膜所没有的特殊视觉，那这种异乎寻常的视觉也不会是通知在远处的它飞来这里的东西。远隔着的距离和其间的遮挡物肯定使这种视觉起不了这么大的作用。

发情期的大孔雀蝶夜间朝圣时究竟是靠什么样的信息器官呢？人们怀疑是它们的触角。雄性大孔雀蝶的触角似乎确实是用它们那宽阔的羽状薄翼在探测。

入侵发生的翌（yì）日❶，我在实验室里找到了头天夜袭的访客中的八位。它们在关着的那第二扇窗户的横档上盘踞着，一动不动。其他的在一番飞舞尽兴之后，于晚上十点钟光景从进来的那个通道，也就是日夜全都敞开着的那第一扇窗户飞走了。这八只坚韧不拔者正是我要做的实验所必需的。

我用小剪刀从根部剪掉大孔雀蝶的触角，但并未触及它们身体的其他部位。它们对这种手术并未有什么反应。谁都没有动，只不过稍稍抖动了一下翅膀。手术非常成功：伤口似乎不怎么严重。被剪去触角的大孔雀蝶没有疼得乱飞乱舞，这对我的实验计划是最好不过的了。一天结束了，它们一直静静地一动不动地待在窗户的横档上。

余下要做的还有另外几项事情。特别是当被剪去触角的大孔雀蝶在夜间活动时，应给女囚换个地方，不让它待在求爱者们的眼皮底下，以保证研究的成果。因此，我把钟形罩和女囚搬了家，把它放在地上，在住宅另一边的门廊下，离我的实验室有五十来米。

注释 ❶ 翌日：第二天。

夜幕降临，我最后一次查看了一下我那八只动过手术者。有六只已经从敞开着的那扇窗户飞走了；还留下两只，但是已经摔在了地板上，我把它们翻过来，仰面朝天，它们都没有力气翻转身子了。它们已精疲力竭，奄奄一息。可别责怪我的手术不好。即使我不用剪刀剪去它们的触角，它们照样会衰老垂危的。

那六只大孔雀蝶精力充沛，已经飞走了。它们还会飞回来寻找昨天引它们飞来的诱饵吗？它们没有了触角，还能找得到现已移往别处、离原先的地点挺远的那只钟形罩吗？

钟形罩放在黑暗之中，几乎是在露天地里。我时不时地拿着一只提灯和一个网跑过去看看。来访者被我捉住，辨认，分类，并立即在我关上了门的相邻的一间屋子里放掉。这样做可以精确地计数，免得同一只蝴蝶被计算上好几次。另外，这临时的囚室宽敞空荡，绝不会损伤被捉住的蝴蝶，它们在囚室里会觉得很安静，而且有很大的空间。在我以后的研究中，我也将采取类似的安全措施。

十点半钟，再没有到访者了，实验结束了。捉住的一共是二十五只雄性，只有一只是失去触角的。昨天被动过手术的那六只大孔雀蝶，身强力壮，得以飞出我的实验室，回到野外，其中只有一只回来寻找那只钟形罩。让我们在更大的范围内再做一番实验吧。

第二天早上，我去查看头一天被捉住的俘虏们，我看到的情况并不令人鼓舞。有许多落在地上，几乎没有了生气。我把它们用手指夹住时，有几只只是略微有点儿生命的气息。这些瘫痪了的囚徒还能有什么用处？咱们还是试一试吧。也许到了寻欢求爱的时刻，它们又会恢复生气的。

有二十四只新来的接受了截去触角的手术。先前被剪去触角的那一只被剔除了，因为它差不多已奄奄一息了。最后，在这一天剩余的时间里，监狱的大门是敞开的，谁想飞走就飞走，谁想去赴盛大晚会就去参加吧。为了让飞出去的接受试验，它们在门口必然会遇见的那只钟形罩又被挪了地方。我把它放置在一楼对面那一侧的一个套间里。当然，这个房间进出是自由的。

这二十四只被剪去触角者中，只有十六只飞到了外面。有八只已精疲力竭，不多久就会死在这儿。飞走的那十六只中，有多少只晚上会回来围着钟形罩飞舞呢？一只也没有。第二晚我只逮着七只，全都是新飞来的，也全都是羽饰完整的。这一结果似乎表明剪去触角是较为严重的事。不过，我们还是先别忙着下结论：还有一个疑点，而且是很重要的疑点。

我的蝴蝶们会不会一旦失去美丽的装饰，就不再敢出现在其情敌们面前向雌性示爱呢？

第四天晚上，我捉到十四只蝴蝶，全都是新来者，我逐个地把它们关在一间房间里，它们将在里面过夜。第二天，我趁它们习惯于昼间歇息不动之机，把它们前胸的毛拔掉少许。拔去这么一点点毛对昆虫无伤大雅，因为这种丝质的下脚毛很容易长出来，所以不会伤及它们在要回到钟形罩前的时刻到来时所必需的器官的。对于这些被拔毛者这算不了什么，可对于我来说，这将是我识别谁来过、谁是新来者的重要标记。

这一次没有出现精疲力竭、无法飞舞者。入夜，十四只被拔毛者飞回野外去了。当然，钟形罩又挪了地方。两个小时里，我逮住二十只蝴蝶，其中只有两只是拔过毛的。至于前天晚上被剪去触角的大孔雀蝶，一只也没有出现。它们的婚期结束，彻底结束了。

在有拔过毛标记的十四只中，只有两只飞回来了。其他的十二只虽然有着所推测的导向器，有着它们的触角羽饰，但为什么没有回来呢？另外，在囚禁了一夜之后，为什么总是有那么多被证实为体力不支者呢？对此我只有一个回答：大孔雀蝶被强烈交尾的欲望迅速地耗得精疲力竭。

大孔雀蝶为了结婚这个它生命的唯一目的，具备了一种奇妙的天赋。它能飞过长距离，穿过黑暗，越过障碍，发现自己的意中人。两三个晚上的时间里，它用几个小时去寻觅，去调情。如果不能遂愿，一切全都完了：极其准确的罗盘失灵了，极其明亮的灯火熄灭了。那今后还活个什么劲儿呀！于是，它便缩到一个角落里，清心寡欲，长眠不醒，幻想破灭，苦难结束。

大孔雀蝶只是为了代代相传才作为蝴蝶生存的。它对进食为何事一无所知。大孔雀蝶可是个没人可比的禁食者，完全不受其胃的驱使，无须进食即可恢复体力。它的口腔器官只是徒具形式，是无用的装饰，而非货真价实、能够运转的工具。它的胃里从未进过一口食物：如果它不是活不长的话，这可是个绝妙的优点。灯若想不灭就必须给它添油。大孔雀蝶则拒绝添油，不过它也就因此而活不长。只两三个晚上，那正是配对交欢最起码的必需时间，这就是一切：大孔雀蝶也就寿终正寝了。

那么失去触角的大孔雀蝶一去不复返又是怎么回事呢？它们是否在证明没有了触角它们就无法再找到那只女囚在等候它们的钟形罩呢？绝对不是。如同被拔掉毛身体受损却安然无恙的昆虫一样，它们也是在宣告自己的寿命已经终结了。它们无论被截肢还是身体完整者，现在皆因年岁大的缘故而派不上用场了，它们的存在与不存在已无意义。由于实验所必需的时间不够，我们未能了解到触角的作用。这种作用先前让人摸不着头脑，今后仍旧是一个疑团。

被我囚禁在钟形罩下的那只雌性大孔雀蝶存活了八天。它根据我的意愿，每晚在居住处的一隅（yú）或另一处，为我引来数目不等的一群造访者。我用网随到随捕，然后立即把它们关进封闭的房间，让它们过夜。第二天，它们起码要被在喉部剪掉些羽毛，以做标记。

来访者的总数在这八天当中高达一百五十只，这个数目可真让人瞠目结舌。大孔雀蝶的茧在我住所附近虽说并非找不到，但至少是十分罕见，因为其毛虫的栖息地老巴旦杏树并不太多。那两年的冬天，我对这些衰老的树全都一一检查过，翻查它们那藏于一堆杂乱的木本植物中的树根，可我有多少次都是无功而返、空手而回呀！因此，我的那一百五十只大孔雀蝶是从远处，从很远的地方，也许是从方圆两公里以外或更远的地方飞来的。它们是如何获知我实验室里的情况而纷纷前来的呢？

有三个信息因子是易感性的决定条件：光线、声音和气味。大孔雀蝶从敞开的窗户飞进来之后，是视觉在指引着它，但仅此而已。但在进来之前，在外面那未知的环境中则不然！说大孔雀蝶具有猞猁（shē lì）那种穿墙视物的视觉是不足以说明问题的，还必须解释为什么它有一种敏锐的视觉，能够神奇地看见几公里之外的东西。这个问题太大太难，咱们别去讨论了。

声音同样与此无关。胖胖的雌性大孔雀蝶虽能够从很远的地方招引来情人，但它却是静默无语的，连最敏锐的耳朵也听不见它的声音。说它春心萌动、激情颤抖，也许可以用高倍显微镜观察得到，严格地说，这是可能的。但是，我们不要忘了，到访者应该是在很远的距离之外，在数千米之外获得信息的。在这种情况下，我们就别去考虑声学的因素了，否则的话，就无宁静可言，周围一定是乱哄哄一片。

剩下的就是气味了。在感官范畴内，可以说气味的散发比其他的东西更能解释为什么蝴蝶们会稍作迟疑之后便纷纷前来追逐吸引它们的那个诱饵。是否确实有这么一种类似于我们称之为气味的散发物呢？这种散发物又是极其难以发觉的，是我们所感觉不到可又能让比我们的嗅觉更敏锐的嗅觉感觉出来？得做一个实验，这实验极其简单，就是把这些散发物掩藏起来，用更大更浓烈而经久的一种气味压住它们，成为主导气味，这样一来，微弱的气味就几乎不存在了。

我事先在晚上雄性大孔雀蝶将被招来的那个屋子里撒了点儿樟脑。另外，在钟形罩下，在雌性大孔雀蝶旁边我也放了一只装满樟脑的宽大圆底器皿。大孔雀蝶来访的时刻到来时，只需待在房间门口就能闻到这股子樟脑味儿。我的巧计未能奏效。大孔雀蝶们像平时一样，如约而至；它们闯入房间，穿越那股浓烈的气味，像在没有气味的环境中一样，方向准确地向钟形罩飞去。

我对嗅觉能否起作用已产生了疑惑。再说，我现在也无法继续实验了。第九天，我的女俘因久等无果已精疲力竭，把未能孵出幼虫的卵下在钟形罩的金属纱网上之后死去了。没了雌性大孔雀蝶，也就无事可做，只好等到明年再说。

夏日里，我以每只一个苏❶的价格买了一些大孔雀蝶毛虫。我用老巴旦杏树枝喂养我昆虫园中的大孔雀蝶毛虫，不几天便有了一些优等的茧。到了冬天，我在老巴旦杏树根部一丝不苟地寻找，获得不少的成果，补足了我的收集物。一些对我的研究感兴趣的朋友跑来帮我。最后，通过精心喂养，四处搜寻，求人代捉，虽身上被荆条划得伤痕累累，却有了不少的茧，其中有十二只较大较重的是雌性的。

失望一直在等待着我。五月来临，这是个气候变化无常的月份，把我的心血化为乌有，使我痛心疾首，愁苦不堪。说话

注释 ❶ 苏：法国旧辅币名，原 1 法郎等于 20 苏。

又到了冬季。寒风凛冽，吹掉了梧桐树的新叶，落满一地。这是天寒地冻的腊月，晚上必须生上旺火，穿上已经脱去的厚厚的冬衣。

我的大孔雀蝶也饱受煎熬。卵孵化得晚了，孵出来一些迟钝呆滞的家伙。在一只只钟形罩里，雌性大孔雀蝶根据出生先后今天一只明天一只地住了进去，可是很少或者压根儿就没有外面飞过来探望的雄性大孔雀蝶。在附近倒是有一些，因为我收集的长着漂亮羽饰的试验用雄性大孔雀蝶，一旦孵化出来，辨认清楚之后便会立即关进园子里。它们不管离得远的还是就在附近的，都很少飞过来，而且即使来了也无精打采的。

我又开始进行第三次实验。我喂养毛虫，到田野里去寻找虫茧。到了五月份，我已经收集了不少。季节很好，符合我的要求。我又见到了一开始导致我进行这种研究的那次令人振奋的大孔雀蝶入侵的盛况。

每天晚上都有大孔雀蝶飞来，有时十一二只，有时二十多只。雌性大孔雀蝶肚腹鼓鼓的，紧贴在钟形罩的金属网上。它毫无反应，甚至连翅膀都没颤动一下。它好像对周围所发生的事情无动于衷。我家人中嗅觉最灵敏的也没嗅出什么气味来；我家亲朋中被拉来做证的听觉最敏锐的也没听见任何响动。那只雌性大孔雀蝶一动不动地、屏息凝神地在等待着。

雄性大孔雀蝶三三两两地扑到钟形罩圆顶上，绕着飞来飞去，不停地用翅尖拍打着圆顶。它们之间没有因争风吃醋而发生打斗。每只雄性大孔雀蝶都在尽力地想闯入钟形罩，看不出对其他的献殷勤者有任何的嫉妒。徒劳地尝试一番之后，它们厌倦了，飞走了，混入正在飞舞着的蝶群中去。有几只绝望者从那扇敞开的窗户飞走了，一些新来者替代了它们；而在钟形罩的圆顶上，直到十点钟左右，不断地有蝴蝶尝试闯入，随即失望而去，随即又有新来者代替它们。

钟形罩每天晚上都要挪挪地方。我把它放在北边或南边，放在楼下或二楼，放在住所右翼或左翼五十米开外，放在露天地里或一间僻静小屋的暗处。这一番神不知鬼不觉地突然搬来搬去，如果不知情者想找可能都找不着，却一点儿也没骗过蝴蝶们。

这里并不是对地点的记忆在起作用。譬如头一天晚上，那只雌性大孔雀蝶被放置在住所的某间房间里。羽饰美丽的雄性大孔雀蝶飞到那儿舞了两个小时，甚至还有一些在那儿过了一夜。第二天，日落时分，当我转移钟形罩时，雄性大孔雀蝶都在外边。尽管寿命转瞬即逝，但新来者仍有能力进行第二次、第三次的夜间远征。这些只能存活一日的家伙首先将飞往何处？

它们了解昨夜幽会的确切地点。我还以为它们将凭着记忆回到那儿去；而在那儿发现人去楼空时，它们将飞往别处继续追寻。但并不是这么回事：与我的期盼恰恰相反，根本就不是这样的。它们谁也没有再出现在昨晚一再光顾的地方，谁都没在那儿做过短暂逗留。此地已看出是没有"人烟"了，记忆似乎并没有事先向它们提供任何情报。一个比记忆更加可靠的向导把它们召唤去了另外的地方。

在此之前，雌性大孔雀蝶一直公开地待在金属网眼上。那些到访者在漆黑的夜晚目光仍是敏锐的，它们凭借那对我们而言简直如同漆黑的夜色的一点儿微光是能够看见那只雌性大孔雀蝶的。如果我把雌性大孔雀蝶关进不透明的玻璃罩中，那会出现什么情况呢？这种不透明的玻璃罩难道就不能让提供信息的气味自由散发或完全阻止它散发吗？

今天，物理学使我们能够发明利用电磁波的无线电报了。大孔雀蝶在这个方面是不是可能超越了我们？为了激越周围的雄性大孔雀蝶，通知几公里以外的求爱者，刚刚孵化出来的适婚雌性大孔雀蝶难道已拥有已知的或未知的电波和磁波吗？这种电波、磁波难道会被某种屏障隔断而被另一种屏障放行吗？总而言之，一句话，它是不是会按照自己的方法利用某种无线电呢？我觉得这并没有什么不可能的。昆虫是这种高级发明的强者。

于是，我把雌性大孔雀蝶放在不同材质的盒子里。有白铁的，木质的，硬纸壳的。全都关得严严实实，甚至还用油性胶泥给封上。我还用了一只玻璃钟形罩，摆放在一小块玻璃的绝缘柱上。

在这种严密封闭的条件下，没有飞来一只雄性大孔雀蝶，一只也没有，尽管晚上既凉爽又安静，环境宜人。无论是什么材质的密封盒，都使传递信息的气味物无法散发出去。

我把雌性大孔雀蝶放进一只很大的短颈大口瓶里，用棉花盖上瓶口，扎紧。一只雄性大孔雀蝶都没有露面。

反之，我们不把盒子密封，让它微微开着点儿，再把这些盒子放进一只抽屉里，装进大衣橱（chú）中，但尽管这么藏了又藏，雄性大孔雀蝶仍然蜂拥而来，多得就像明显地把钟形罩放在一张桌子上时一样。女俘被放在帽盒里，装进一只关好的壁橱等待着的那个晚上的情景至今仍历历在目。雄性大孔雀蝶们扑向壁橱门，用翅膀扑打着，啪啪连声，想闯进去。

因此，任何类似无线电报的通信手段都无法接受，因为一道屏障无论是好导体还是坏导体，一经出现便立即阻断了雌性大孔雀蝶的信号。为了让信号畅通无阻，传得很远，必须具备一个条件：囚禁雌性大孔雀蝶的囚室不能关得严丝合缝，密不透风，要让内外空气相通。这又使我们回到了存在一种气味的可能性上，但那是经我用樟脑所做的实验给否定了的。

我的大孔雀蝶的茧业已告罄（qìng），但问题仍然没有弄个一清二楚。

一天晚上，雌性大孔雀蝶被放置在餐厅的一张桌子上，正对着敞开着的窗户。一盏煤油灯点着，灯上装有一个搪瓷的宽大灯罩，吊挂在天花板上。一些来访者落在钟形罩的圆顶上，在女俘面前急不可耐的样子；另外的一些来访者，飞过女俘囚室时略微致意一番，便向煤油灯飞去，盘旋片刻之后，被搪瓷灯罩的反射光照得迷迷糊糊的，便贴在灯罩下面一动不动了。

整个晚上，它们全都没有动弹过。第二天，它们仍留在原地。对亮光的迷恋使它们忘掉对爱情的陶醉。

面对这样的一些迷恋亮光的家伙，精确而长久的实验是无法进行的，因为观察者需要照明。我放弃了对大孔雀蝶及其夜间婚礼的观察。我需要一只习性不同的蝴蝶，它得像大孔雀蝶一样勇敢地奔赴婚礼幽会，但又能在白天行房。

别人不知从哪儿给我弄来一只很棒的茧，裹着一个宽大的白色丝套。从这个不规则的大褶皱的丝套中，很容易抽出一只外形似大孔雀蝶茧但体积要小一些的茧来。丝套端口用松散但又聚集的细枝结成网状，可出而不可进，我一眼便可看出那是一只夜间活动的大孔雀蝶的同类。丝套上有编织者的名号。

果然，三月末，圣枝主日❶那一天的清晨，那只茧孵出一只雌性小孔雀蝶，我立刻把它关进实验室的钟形金属网里。我打开房间的窗户，好让这件大事传布到田野中去，而且必须让可能前来的探访者自由进入房间。被囚的这只雌蝶贴在金属网纱

注释 ❶ 圣枝主日：全名为"主受难圣枝主日"，是圣周的开始，民众为庆祝耶稣荣耀进入耶路撒冷的事迹及他的苦难，也列队重走昔日耶稣与门徒们进城时所走的路线。

上，一个星期都没再动一动。

我的小孔雀蝶女囚美丽极了，一身呈波纹状的褐色天鹅绒华服，上部翅膀尖端有胭脂红斑点，四只大眼睛，宛如同心月牙，黑色、白色、红色和赭石色混在一起。如果不是色泽那么发暗的话，几乎就是大孔雀蝶的装饰。这种体形和服饰如此华美的蝴蝶，我一生中见到过三四次。我昨天见了茧，但从未见到过雄性蝶。我只是从书本上知道雄性比雌性要小一半，体色更加鲜艳，更加花枝招展，下部翅膀呈橘黄色。

我还不了解的陌生贵客、羽饰漂亮的雄蝶，它会飞来吗？在我们周围这一片似乎很少见到它的。在它那遥远的藩篱墙中，它能得知那只适婚雌蝶在我实验室的桌子上正等待着它吗？我敢保证它会前来的，而且我错不了的。瞧，它来了，甚至比我预料的还早到了。

雄性小孔雀蝶令人难以置信地按时被女囚给神奇地召唤来了。它们艰难曲折地飞翔，终于一只接一只地飞来了，它们都是从北边飞过来的。

两个小时中，在阳光灿烂之下，来访的雄小孔雀蝶们在我的实验室门前飞来飞去。其中大部分都在一个劲儿地寻来觅去，或撞墙欲入，或掠地而过。见它们如此犹豫不决，我想它们是因找不到引它们飞来的那个诱饵的确切位置而十分着急。它们从老远飞来，没有弄错方向，可到了地方却又拿不准确切地点了。不过，它们迟早会飞进屋内去向女囚致意的，但也不会恋栈。下午两点钟时，一切便结束了。一共飞来了十只雄小孔雀蝶。

小阔条纹蝶

　　一个七岁的男童送给我一个漂亮的茧，呈圆盾形，很坚硬，呈浅黄褐色。我几乎肯定这是一只橡树蛾的茧。

　　橡树蛾确实是一种传统的蝶蛾，没有一本昆虫学论著不谈及它在婚恋期间的突出表现的。据说有一只雌性橡树蛾被困在一个房间里，甚至还刚刚在一只盒子底部孵卵。它远离乡野，困于一座大城市的喧闹之中。但是，孵卵之事还是传给了树林里和草坪间的相关者。雄性橡树蛾们在一个不可思议的指南针的引导之下，从遥远的田野间飞来，飞到盒子跟前，谛（dì）听，盘旋，再盘旋。

　　它还有另一个名字：布带小修士。这个新颖别致的名字是由其雄性的外衣导致的，那是一件棕红色修士长袍，但它不是棕色粗呢，而是柔软的天鹅绒，前面的翅膀横有一条泛白的、长有像眼珠似的小白点。

　　这里所说的布带小修士，也就是小阔条纹蝶，不是一捉就能捉到的平淡无奇的蝴蝶。在我们村子周围，特别是在我的荒石园中，我住了二十来年还从来没有见到过它。

　　八月二十日，一只雌蝶从茧中出来，胖嘟嘟的，肚子大大的，衣着与雄蝶一样，但是其长袍是米黄色，更加淡雅。我把它放在我工作室中间的一张大桌子上，用金属钟形网罩罩住。有两扇窗户朝向花园，阳光照进屋里。一扇窗户是关着的，另一扇则白天黑夜全都敞开着。小阔条纹蝶就待在这两扇窗户中间那四五米间隔之处的半明半暗之中。

小阔条纹蝶用前爪抓住金属网纱，吊挂在朝阳的那一边，一动不动，像死了似的，翅膀未见颤动，触角也没有抖动，如同大孔雀蝶的情况一样。

雌小阔条纹蝶发育成熟了，细皮嫩肉在变结实。

第三天，新娘子已经准备好了。下午三点钟光景，天气很热，阳光灿烂，突然，我隐约看见一群蝴蝶在开着的那扇窗框间飞来飞去的。

它们是一些来向美人儿献媚取宠的情郎。有一些从房间里飞出去，另一些则飞进去，还有一些落在墙上休息，好像因长途跋涉而疲惫不堪了。我隐约看见一些从远处飞来，飞进高墙，飞过高高的柏树冠。它们从四面八方飞来，但数量越来越少。

在我的工作室里，一大片的雄性小阔条纹蝶在翻飞，转来绕去，大概有六十来只。在围着钟形罩绕了几圈之后，有一些便向敞开的窗户飞去，但随即又飞了回来，又开始围着钟形罩转悠开来。最猴儿急的则停在钟形罩上，用爪子相互抓挠、推搡，竞相取代别人抢占最佳位置。钟形罩里面的女俘大肚子垂着贴在网纱上，声色不动地等待着。

雄性小阔条纹蝶在三个多小时的过程中，一直在疯狂地舞动着。但是日已西下，气温有点儿下降，雄蝶们的激情也随着降温。有许多飞走了，没再飞回来。另外一些占好位置以利明日再战，它们紧贴着那扇关着的窗户的窗棂（líng）。

可是，令我大为沮丧的是活动并未再继续。晚上，有人给我送来一只螳螂，个头儿特别小，所以我非常喜欢。由于老是想着下午的种种情况，我便不经意地匆忙把它这个食肉昆虫放进了那只雌性小阔条纹蝶的钟形罩里了。我压根儿就没想到这两种昆虫共居一室是会产生恶果的。那只螳螂一副小样儿，而那只雌性小阔条纹蝶却是那么胖嘟嘟的！所以我一点儿也没起疑心。

第二天，我惊呆了，痛苦地发现那只小螳螂正在啃咬那只胖蝴蝶。后者的脑袋和前胸已经没有了。

那些雄性小阔条纹蝶是从哪里飞来的呢？毫无疑问，是从老远的地方，是从四面八方。为了在我的工作室里聚集一大群这种蝶蛾，我曾这儿那儿地，寻遍郊外各地，也不知找了多少地方。

三年过去了，我日思夜求的运气终于给我送来两只小阔条纹蝶茧。八月中旬前后，这两只茧相隔几天为我孵出一只雌蝶来，这使我得以丰富并重复我的实验。

我很快便又重新进行大孔雀蝶已经给了我非常肯定答复的种种实验。白昼的朝圣者准确地飞向被金属网罩罩着的那个女俘，无论网罩置放在什么地方；它能够在壁橱暗处发现女俘；它能够在一只盒子的最里面找到女俘，只要这只盒子不要盖得太严。如果盒子关得严丝合缝，它得不到信息，它也就不再来了。

一打（dá）❶的碟子放好了，一部分放在囚禁女俘的金属钟形网罩里，另一部分放在网罩四周，围成一圈。有几只装着樟脑，有几只装着宽叶薰衣草香精，有几只装着汽油，还有几只装着臭鸡蛋味的碱硫化物。

下午，工作室变成了恶心的配药室，一股浓烈的薰衣草香气加上碱硫化物恶臭的混合气味。而且别忘了我还在这间屋里大量地熏烟。煤气厂、烟馆、香料厂、炼油厂、臭气熏天的化工厂全都集中在这间屋子里了，这样能否使小阔条纹蝶迷失方向呢？

注释 ❶ 一打：十二个为一打。

根本就没有。三点钟光景，雄性小阔条纹蝶像通常一样纷纷飞来。它们都往钟形罩那儿飞，其实我事先已经用一块厚布把罩蒙上了，以便增大难度。它们一飞进屋内，便被一种混杂着各种气味的浓烈氛围包围住了，但它们仍旧是朝着女俘的囚室飞去，想从厚布的褶皱下面钻进去与女俘相会。

这次的失败之后，我理所当然地要放弃是有气味的散发物在指引小阔条纹蝶参加婚庆的观点。我之所以没有放弃，应该归功于一次偶然的观察。

一天下午，我想弄清楚蝴蝶一旦飞进屋里，视觉在寻找目的物中是否还起点儿作用，便把那只雌性小阔条纹蝶放在一只钟形玻璃罩中，还给它弄点儿带枯叶的橡树小枝让它停靠。玻璃罩就放在桌子中间，冲着敞开的那扇窗户。雄蝶飞进屋里一定会看得见女俘的，因为后者就在它们必经之路上。雌蝶在其上待了一夜和一个早上的那个金属纱网钟形罩下的放了一层沙土的陶罐，我觉得很碍事，未加任何考虑便把它放到屋子另一头的地板上，那个角落只能透进半明半暗的光线，离窗户有十来步远。

接下来发生的事把我的思绪搅成一团。飞进来的到访者中没有一位在玻璃罩那儿停下来，而玻璃罩就在明亮的阳光下面，女俘显眼地居于其中。它们全都没朝雌蝶看一眼，没有探询一下。它们全都飞向房间另一头我放着陶罐钟形罩的那个暗黑的角落。

它们落在金属纱网罩圆顶上，久久地在探寻，扑扇着翅膀，还稍稍在相互争斗。整个下午，直到日影西斜，它们都围在空空的圆顶飞舞，以为雌蝶就身陷其中。最后，它们飞走了，但没有全飞走。有几个执着者不想走，死死地钉在那儿，像是被施了定身法似的。

这些蝴蝶飞到那人去楼空之地，长留不去，尽管眼见罩中无人仍死不甘心。从雌蝶所在的那只玻璃钟形罩旁飞过时，来来去去的这群雄蝶中不可能一个也没看出有雌蝶的，但它们就是没有在此哪怕作稍许的停留。

它们是被何物所欺骗的呢？第一天整个夜晚和第二天的整个上午，雌蝶都是待在金属纱网钟形罩里的，它忽而吊在纱网上，忽而在陶罐的沙土层上歇息。它碰过的东西，特别是它那大肚子蹭过的东西，长时间接触之后，浸透了一些散发物的气味。那就是它的诱饵，就是它的激发情欲的药物，那就是引得雄蝶神魂颠倒、纷至沓（tà）来的尤物。沙土层把这尤物保存一段时间，并向四周扩散出去。

因此，是嗅觉在引导雄蝶们，在远处向它们发出信息。它们为嗅觉所控制，不去考虑视觉所提供的信息，所以途经美人儿正被关押的玻璃囚室时，一飞而过，直奔神奇气味在散发的纱网、沙土层，直奔女魔法师除了气味而外什么也没留下的那座空房。

掌握了这些出乎意料的驱云拨雾的材料，我就可以进行不同的实验，这些实验在同一个方面全都是具有结论性的。早晨，我把雌蝶放在一个钟形金属网罩里。它的栖息处是同先前一样的一根橡树细枝。雌蝶在里面一动不动，像死了似的。它在细枝上待了许久，藏在大概浸润着其散发物的叶丛中。当探视时间临近时，我把浸足了散发物的细枝抽出来，放在离敞开的那扇窗户不远处。另外，我让钟形罩中的雌蝶待在房间中央的桌子上显眼的地方。

蝴蝶纷纷来到，先是一只，然后是两只，三只，很快就是五只，六只。它们进来，出去，又回来，飞上飞下，飞来飞去，始终是在那扇窗户附近，那根细橡树枝放在椅子上，离窗户不远。谁也没往那张大桌子飞，而雌蝶就在那儿的金属网罩中等候它们，离它们并没有多远。它们在迟疑，这可以清楚地看出来：它们在寻找。

最后，它们终于找到了。那它们找到什么了？找到的正是那根细枝，那根早晨曾是胖雌蝶的粉床。它们急速扑扇着翅膀；它们飞落在叶丛上；它们忽上忽下地搜寻、抬起、移动树叶，以致最后那束很轻的细枝被弄掉到地上去了。它们仍在落到地上的细枝叶丛中搜索。在翅膀和细爪的扑打抓挠下，细枝在地上移动着，仿佛被一只小猫用爪子抓扑的破纸团。

当细枝连同那群搜索者移动到远处时，突然新飞来两只小阔条纹蝶。那把刚才放有细枝叶的椅子就在它俩飞经的途中。它俩在椅子上落下，急切地在刚才放过细枝的地方嗅闻个没完。然而，对于先来者和新到者来说，它们热盼的那个真实目标就在那儿，很近，被一只我忘了遮盖起来的金属网罩罩着。它们谁也没有注意到它。它们在地上继续推挤雌蝶早上睡过的那个小床；它们在椅子上继续嗅闻那张粉床曾经放过的地方。日影西斜，撤退的时刻到了。再说，撩拨的气味也在渐渐地淡去，消散。拜访者们没什么可做的了，只好飞走，明日再来。

我从随后的实验中得知，任何材料，不管是哪一种，都可以代替我那偶然的启示者——带叶的细枝。我稍许提前一点儿把雌蝶放在一张小床上，上面时而铺垫着呢绒或法兰绒❶，时而放些棉絮或纸张。我甚至还强迫雌蝶睡木质的、玻璃的、大理石的、金属的硬硬的行军床。所有这些东西在雌蝶接触了一段时间之后，都像雌蝶本身似的对雄蝶们有着同样的吸引力。它们全都具有这种吸引雄蝶的特性，只不过是有的强些有的弱些。

注释 ❶ 法兰绒：指用优质毛粗梳混色纱织成的一种平纹或
斜纹织物。

最好的是棉絮、法兰绒、尘土、沙子，总之是那些多孔隙的东西。而金属、大理石、玻璃反而很快地便失去它们的功效。总而言之，但凡雌蝶接触过的东西，都能把其吸引力的特性传出去。因此，橡树细枝掉到地上之后，雄蝶们仍旧纷纷飞到那把椅子的坐垫上。

我们来选用一张最好的床，比如法兰绒床，我们将会看到新奇的事。我在一根长试管或小阔条纹蝶正好可以飞进去的一只短颈大口瓶里放一块法兰绒，让雌蝶整个上午都待在上面。来访者们钻入器皿中，在里面拼命扑腾，却怎么也飞不出来了。我给它们布置了个陷阱，可以让它们有多少死多少。我们把那些落难者放走吧，把藏于盖得严严实实的盒子的最秘密处的那块床垫抽出来。晕头转向的雄蝶们又回到那支长试管里，又钻进了陷阱之中。它们是受到浸透尤物的法兰绒传给玻璃的那种气味的引诱。

我因此便坚信了自己的想法。为了邀请周围的众蝶飞赴婚宴，为了老远地通知它们并引导它们，婚嫁娘散发出一种我们人的嗅觉感觉不出来的极其细微的香味。我的家人们，包括孩子们那最灵敏的鼻子，凑近那只雌性小阔条纹蝶也没有闻出一丝一毫的气味来。

象态橡栗象

正如其名所示，橡栗象就是生就对付橡栗、榛（zhēn）子以及其他类似坚果的。在我们那片地区，最引人注目的便是象态橡栗象。它嘴上还叼着一支长烟斗哩！这烟斗细如马鬃，棕红色，几乎笔直，奇长无比，以致橡栗象只好斜着身子，让它伸直，免得折断，像头前伸出一支长矛似的。我们可以猜测到它的奇形怪状的长嘴上有一个类似我们用来钻坚硬物体的钻头。它的大颚是两个钻石尖，构成钻头尖端的高强度齿甲。在墨绿的橡树上，我发现一只橡栗象，长鼻子已经有一半钻进一只橡栗中去了。我便把那根树枝折断，轻轻地放在地上。那只橡栗象没有注意到被搬了家，仍在继续干着。

象态橡栗象脚上蹬着黏性套鞋，可以牢牢地贴在光滑浑圆的橡栗上。此刻，橡栗象正在橡栗上用自己的弓摇钻在忙乎着。它缓慢而笨拙地围着它那根插入橡栗中的钻杆移动着，在画着半圆，圆心就是钻孔，然后又折回头来，画一个反向的半圆。它反复地这么画来画去。

长鼻子在一点儿一点儿地钻进去。一小时后，长鼻子见不着了。然后它歇息了片刻。最后，长鼻工具抽了出来。随后，它丢下了它钻探的那口井，一本正经地退了出来，蜷（quán）

缩在枯树叶中。

在有利于捕捉虫子的无风的日子里，我回到了先前去的地方，很快便捉到了一些橡栗象，装进我实验室的金属网罩中。组成我的橡栗虫所光顾的矮树林的有三种橡树：绿橡树、短柔毛橡树和胭脂虫橡树。

我把几根这三种橡树长满橡栗的树枝置放在我的金属网罩圆顶下面，一头浸在一盆水里，以保持新鲜。小树枝上放了数目合适的配对橡栗象，最后实验仪器也放在我实验室的窗户上，天气晴朗时，一天大部分时间都能照到太阳。

准备工作做好之后的第三天，我在橡栗象开始干活儿时准时到来。雌橡栗象比雄的体形更壮实，用手摇曲柄钻钻的时间也更长，它仔细地察看那个橡栗，无疑是准备产卵。

它一步一步地从前头爬到后头，从上面爬到下面，爬遍了那个橡栗。橡栗壳很粗糙，爬动很容易。如果脚底没有黏性套鞋，没有在各种姿态下都能保持平衡的刷子形鞋底的话，在橡栗的其他部分爬动就不太容易了。橡栗象以同样从容的姿势在橡栗的上下左右爬来爬去，从未摔落。

它已经选好了，这个橡栗被认为是最好的。现在要在这个橡栗上钻一个探测洞。橡栗象的钻杆太长，操作起来很困难。为取得最佳机械效果，就必须按照被钻件凸面的法线❶把钻杆竖立，然后再把干活儿时间以外呈前伸状态的这个碍事的工具收回到橡栗象钻工的身体下面。

为达到这一目的，橡栗象用后腿支起身子，立在鞘翅尖端和后跗骨形成的三脚架上。没有什么比这个怪诞的钻工更加奇怪的了，它站立着，把长钻杆鼻放回自己身下。

注释 ❶ 法线：过曲线上一点而且和曲线在这一点的切线垂直的直线。

　　成功了，长钻杆笔直地竖了起来。钻探开始了。它极其缓慢地钻着，从右往左，然后再从左往右，循环往复地这么干着。钻头并不是一种因始终朝着一个方向旋转而往下钻着的螺旋形开瓶器似的工具，而是一种套针，先是啃咬，然后轮番向着一个方向和另一个方向磨蚀，逐渐往下扎去。

　　机械运转良好，但是奇慢无比，所以往下钻探的情况用放大镜观察也看不出钻了多少。但象态橡栗象一直在钻探，歇息一会儿，立即又干起来。一个小时，两个小时过去了。象态橡栗象收回钻杆，返回来把卵放进井口。

　　连续不断地观察了八个小时之后，将近夜幕降临时分，象态橡栗象看样子已经干完活儿了。它确实在往后撤，谨慎小心地在抽回钻杆，生怕把它弄折了。钻具抽出头了，又笔直地伸向前方。

　　但我又一次上当了。我那一轮一轮的八小时值班监视没见结果。象态橡栗象走了，没有利用自己钻探的成果而是遗弃了那个橡栗。钻这些劳民伤财而多数又不下卵的井的目的何在？我们先来了解一下虫卵的位置以及幼虫最初几口食物的情况，或许答案就有了。

　　那些住有象态橡栗象卵的橡栗是挂在树上、嵌在橡栗壳里的，仿佛没有发生任何有损于茸毛叶的不正常事情。在离栗壳斗不远处的光滑而仍绿油油的外壳上，可见一个小点，确系一灵巧的针所刺。由于坏死而产生的一个窄小的褐色乳晕很快便把这个小孔洞包围起来。那就是钻井口。

　　咱们挑选那些新近钻孔的橡栗，把它们的壳剥去。其中不少并未见有什么东西：象态橡栗象钻探了它们，但并未在里面产卵。它们同我网罩里的那些橡栗一样，被钻了无数小时，但随后却并未加以利用。有许多里面有一只卵。

无论壳斗上面的井口有多么远，这只卵总是待在井底，在一堆茸毛叶那儿。那儿有柔软的绒呢，是由壳斗提供的，被滋养品源泉——叶柄的渗液所润湿。我看见一条很小的象态橡栗象的幼虫，是我亲眼看着它孵出来的，它最初几口是在轻轻地咬那堆絮（xù）状的食物，那个用丹宁酸❶调了味儿的新鲜面包。

这种如同新生有机物一样多汁、易消化的小糕点，只有那儿才有，而象态橡栗象也只是在那儿，在壳斗和茸毛叶之间安放自己的卵。象态橡栗象十分清楚最适合其新生儿那虚弱的胃的食物在什么地方。

上面是相对而言较粗糙的茸毛叶面包。头几小时，幼虫在餐厅里增强了体力，然后并非直接地，而是通过其母用探针捅开的狭道钻进面包房。狭道中满是面包屑和吃了一半的残渣，吃了这种沿路备好的稍微粗糙的可口面粉，力气倍增，幼虫于是便完全钻进橡栗那坚硬的果肉中去。

我所掌握的这些情况说明了产卵的象态橡栗象是如何干活儿的。在钻探之前，它上下左右，前前后后仔细地查来看去，这时它的目的是什么？它是在了解这个橡栗是否已经被占据了。诚然，食橱很丰盛，但两个人吃就不太够了。我确实还从未发现有两只虫子在同一个橡栗中的。只有一只，始终都只有一只，这一只在吃完丰盛的食物，消化并将食物变成橄榄绿色的小团团之后，离开橡栗，下到地上。茸毛叶面包最多也就剩这么一丁点儿的面包屑了。

把卵安置进去之前，先得检查一番，看看这个橡栗是否被占据了。如果橡栗表面没有那细小的针眼的话，再尖的眼睛也

注释 ❶ 丹宁酸：一种涩味的酸性物质。

猜不到里面藏着一个隐居者。这个小点不明显，但可仔细辨出，它就是我的向导。有它在，我就知道橡栗有主儿了，或至少，是被做过与产卵有关的试验；它不存在，我就深信这个橡栗尚未有任何人占据。毋庸置疑，象态橡栗象也是根据这同样的方法获知情况的。

橡栗一旦被确定完好无损，这就成了。钻头在往下钻，一干就是好几个小时。然后，有好多次，象态橡栗象对自己的活计不屑一顾地走开了，钻探完了没有随即产卵。这么卖力地干了这么久又有何用呢？它只是为了饮水解渴、恢复体力才这么找一个橡栗随便钻钻吗？它嘴上的吸管会下到井底深处，在满意的角落吸了几口富有营养的饮料了吗？它这么忙乎一番只是为了个人进食吗？

雄性象态橡栗象也长有长嘴，必要时也能钻出一口井来，但我从未见过雄性象态橡栗象有谁趴在一个橡栗上面，吭哧吭哧地在掘井的。

真实目的我想我隐约地发现了。我前面说了，卵总是置于橡栗底部，在一些由叶柄渗出的液汁润湿的絮状物中间。幼虫刚孵出时，还啃不动很硬的茸毛叶，只能咬壳底柔软的毛毡，以其液汁为食。

但是，随着橡栗长大成熟，这个蛋糕也就变得很硬了，味道以及液汁的量都随之有所变化。柔软部分变硬了，湿润的部分干燥了。在一个时期，新生儿所需的舒适条件是极具备的。稍早些，舒适条件未达到标准；稍晚些，那些条件也过分成熟了。

在外边，在橡栗的绿壳上，这种内部厨房的烹饪情况丝毫显现不出来。为了不让幼虫吃不合适的食物，做母亲的因为只是从外表查看了橡栗而不太了解情况，只好自己先用长鼻尖端尝尝粮仓底部的食粮。

把新生儿放在将能找到多汁而柔软的、易于消化的食物的地方，这些细心挑剔的母亲还觉得不行。它们的关怀照顾还远胜于此。一个折中的办法也许有用，就是让小幼虫从最初的吃软糕点改变成吃硬面包。这个折中办法就在母亲钻出的那个坑道里，那儿有一些碎屑，是长嘴上的剪刀剪碎了的。另外，坑道内壁受损、变软，比其他东西更适合新生儿娇嫩的颚。

在啃咬茸毛叶之前，幼虫的确是先钻入这个坑道的。它以沿途找到的粗面粉为食；它收集悬于壁上的褐色微粒；最后，它已足够壮实，便弄破果仁那圆形大面包，钻进里面去，不见了踪影。胃已经锻炼好了，剩下的事就是放开肚皮吃了。

这种管状婴儿哺乳室应有一定的长度，以满足初生婴儿的需要。因此，做母亲的便用那把钻孜孜不倦地干活儿。如果探测只是局限于品尝一下食物，了解橡栗底部的成熟程度的话，操作就会简便得多，只需透过外壳在底部不远处进行就可以了。这一点象态橡栗象并不是不知道：我偶尔也发现象态橡栗象正在对坚硬外壳这么干哩。

我从中看到的只是急于了解情况的产妇的一种试验。如果橡栗合用，钻探就将在稍高处，在壳斗外面重新开始。当卵应该产下时，按惯例确实是钻橡栗，尽可能地在高处，只要钻杆够长就行。

做母亲的这么费劲乏力、疲劳不堪自有道理：它这么做可以到达橡栗底部那理想之地，因此也就获得了最佳的效果，可以替自己的孩子准备好一个吃不完的面粉口袋。

象态橡栗象把卵产在还很青的橡栗中。现在，橡栗落在地上，提前变成褐色，还被钻了个圆孔，象态橡栗象幼虫吃光了橡栗里面的食物便从这个小圆孔里爬出来。光一棵橡树下，很容易地就能捡满一篮子这种被掏空的橡栗。

我曾剖开一个象态橡栗象产妇，看到的情景令我瞠目结舌。那儿有一部古怪的机器，一根僵硬的棕红色尖头桩，与身体一样长，我觉得几乎像是一个喙，因为它与头部的喙很相似。那是一根管子，细如毛发，空尖端有点儿张开，状如榴（liú）弹发射筒，始端鼓起，呈卵形泡状。

这就是产卵工具，与钻孔器大小粗细相同。钻孔喙钻到哪儿，这个内喙——卵探测器便可下到哪儿。当产妇在橡栗上下钻时，它选择攻击点就必须让这两个相辅相成的工具都能够到达理想的地点——果仁底部。

产妇的手摇曲柄钻干完活儿后，坑道完工，它便回转身来，把腹部末端贴在那钻孔上。然后，它拔出剑来，内喙显露出来，毫无困难地钻入锉（cuò）屑堵塞的坑道。引导探头上什么都没有显现，因为它运转敏捷而小心。卵安置好之后，这个工具逐渐回收，缩回腹内，同样是滴水不漏。大功告成，产妇离去，而我们却一点儿也没有看出它的破绽。

豌 豆 象

　　我经常在法国梧桐里看见我们的豌豆象。只要寒风凛冽、严冬肆虐，豌豆象就躲在法国梧桐的这些微翘的枯皮下，或者用别的方法以求躲过劫难，直到和煦的阳光初抚它几下，它便苏醒过来。这是它的生物钟在通知它。它们像园丁一样，知道豌豆的花期，于是，它们便几乎从各个地方，迈着细碎的快步，心急火燎地向着它们所钟爱的植物奔来。

　　小头，大嘴，身着缀有褐色斑点的灰衣裳，长有扁平鞘翅，尾根有两个大黑痣，身材矮粗，这就是我的访客的大致模样。五月的上半月刚过，豌豆象的尖兵已到。

　　它们在长得像蝴蝶般的花上安营扎寨：我看见有一些居于花的旗瓣上，另有一些则藏于龙骨瓣的小盒子里。还有一些数量较多，盘于花序中吮吸着，产卵时刻尚未到来。早晨天气温和，太阳虽明亮，却不晒人。这是明媚阳光下举行婚配、开心享受的美妙时刻。它们因此在享受点儿生活的乐趣。有一些在成双配对，但立刻又分了开来，随后又聚在一起。将近晌午时分，烈日当空，男男女女全都退避到花褶的阴处。这种阴凉的地方，它们非常熟悉。明天，它们又要开始寻欢作乐，后天依然乐此不疲，直到一天天地在鼓胀起来的豌豆果实撑破龙骨瓣

的小盒子为止。

有几只更着急的待产豌豆象，把卵托付给了新生豆荚，而后者扁平而细小，刚刚才褪掉花蒂。这些匆忙产下的卵也许是因卵巢已无法等待而被迫如此的，我觉得它们的处境极其危险。豌豆象的幼虫将安于其中的种子此时此刻还只是个脆弱的细粒，既无韧性又无粉质堆。除非豌豆象幼虫颇有耐心，能扛到果实成熟，否则，在那儿就找不到吃的。

但是，幼虫一旦孵化出来，它能够长时期不吃不喝吗？我所看见过的一些幼虫表明，新生儿一出来便忙着要吃的，如果没有吃的，便会死去。因此，我认为在尚未成熟的豆荚上产下的卵是必死无疑的。但种族的兴旺繁衍并不会受到多大的影响，因为豌豆象妈妈是多产的。

五月末，当豌豆荚在籽粒的促动下变得多节，达到或接近成熟的时候，豌豆象妈妈的重任也就完成了。其他的象虫是一些带嘴象、带喙象，它们配备有一根尖头桩，用它来修筑产卵的窝巢。而豌豆象则只有一个短喙，在吸食甜汁方面非常有用，但论起钻探来则是毫无用处。

因此，豌豆象安顿家小的方法是不同的。它不像橡树象、熊背菊花象、黑刺李象等那样做一些细致灵巧的准备工作。豌豆象妈妈没有配备钻头，所以只好把卵产在露天里，没有任何保护以防风吹日晒雨打。它这么做简直是太简单方便了，但这却是风险极大的，除非卵有特殊体质，能抗御酷热严寒、干燥潮湿。

上午十点，阳光和煦，豌豆象妈妈步伐急促，忽大步忽小步，从上到下，又从下到上，从正面到反面，又从反面到正面地把自己选中的豌豆荚看个遍。它不时地把一根细小的输卵管伸出来，左探探右触触，像是要划破豆荚的表皮似的。然后便产下一个卵，随即便弃之不顾了。

豌豆象妈妈的输卵管就这么在豌豆荚的绿皮上左点一下右点一下的，就算完事了。卵就留在那儿，没有任何保护，任随太阳暴晒。在帮助未来的幼虫，使之在必须自己进入食橱时缩短寻觅时间方面，豌豆象妈妈没有任何考虑，没有想到为孩子找个合适的地方。有的卵产在被豌豆种子鼓胀起来的豆荚上，有的则下在像贫瘠小山谷似的豆荚隔膜内。在豆荚上的卵几乎与食物直接接触着，而豆荚隔膜内的卵则离食物较远。以后就靠幼虫自己去辨别方向，寻找食物了。总之，豌豆象这种无序产卵让人想到粗放式播种。

更严重的是：产在同一个豆荚上的卵与豆荚内的豌豆粒不成比例。每个幼虫一粒豌豆，不要多也不能少，这是永远不变的规定。但是豌豆象妈妈根本就不理会这种限制。对一个定量，豌豆象妈妈总是产下许多的小宝宝。

豌豆象卵呈琥珀黄色，挺鲜艳，圆柱状，很光滑，两头圆圆的。它长不过一毫米，每个卵都用凝固的蛋清细纤维网黏附在豆荚上。无论是风还是雨都吹不掉，打不下来。

豌豆象妈妈产卵常常是成对的，一个卵在上另一个在下，而往往是上面的那个卵得以孵化，下面的那个则干瘪而死。卵为了孵化出来而不死，需要什么呢？也许是需要阳光的沐浴，而下面的卵正好被上面的遮挡着，没有了这种温暖孵育。或者是由于不合适的挡板遮挡的影响，或者是由于其他什么原因，反正孪生卵中的先产下者很少得到正常的发育，在豆荚上干瘪，没有出世便灭于无形了。

新近孵化的标记是一条弯弯曲曲的苍白或淡白色小带子，它在卵壳附近翘起，撑破豆荚的表皮。这是幼虫的产物，是皮下通道，幼虫在其中蠕（rú）动，寻找钻入点。找到这个钻入点之后，身长刚刚一毫米、全身苍白、头戴黑帽的幼虫便在豆荚上钻孔，钻入豆荚宽敞的肚腹中。

它爬到豆粒处，在最近的那颗豆粒上安顿下来。它在豌豆球面上垂直地挖出一个井坑。我曾看见过一些幼虫半个身子下到井坑中去，后半身则在井坑外边蹬踢加力。不大的一会儿工夫，幼虫便不见了，钻进了自个儿的家中。

入口很小，但一眼就能认得出来，因为它在豌豆淡绿色或金黄色的衬托下呈褐色。入口没有固定的位置，总的说来，除了在豌豆的下半部而外，在豌豆表面的任何地方都可以钻洞，因为下半部的顶端是悬韧带的肥硕之处。

豌豆的胚胎就在这个部分，可它却没受到幼虫的损害，并且还发育成为胚芽，尽管豆粒上面被豌豆象成虫钻了个大窟窿。为什么这个部位完好无损呢？是什么原因使之免遭幼虫的侵害呢？

豌豆是一粒一粒相互紧贴在一起的，寻找下嘴部位的幼虫在豆粒上行走并不自如。而且豌豆的下端因肚脐的瘿（yīng）瘤而变厚，钻孔就很困难，而在只有表皮保护的其他部分就没有这种困难，甚至也许在肚脐这一特殊部位有一些特别的液汁是幼虫所讨厌的。

毫无疑问，这就是豌豆既被豌豆象蚕食却又照样能够发芽的秘密之所在。豌豆虽破损，却并未死亡，因为入侵是针对空着的上半部，那是既容易钻入又无伤大雅的区域。另外，由于整粒豌豆对于单独一个消费者来说是绰绰有余的，而受害部分只是这个消费者所喜爱的部分，但又不是豌豆生命攸关的部位。

五月末和六月份是产卵期，豌豆仍然又嫩又绿。几乎所有被幼虫侵入的豆粒都向我们展示出许多斑点，这我们已经从豌豆象遗弃的那些干豌豆上看到了。这是不是好些幼虫聚在一起的标记呢？没错儿。我们把所说的那些豆粒的子叶分开，必要时再加以细分。我们将好几个蜷在豆粒内的很小的幼虫暴露出来。

聚在一起的这些幼虫似乎相安无事，幸福安详。邻里间和睦相处，互不相争。进餐开始，食物丰盛，就餐者被子叶尚未被触动的部分所形成的隔膜分开着，各自待在自己的小间里，不会互相争斗，没有任何用无意的触碰或有意的寻衅引发的大动干戈。对所有的占有者来说，所有权相同，胃口相同，力量相同。那么共同享用同一个豆粒的情况将如何结束呢？

我把一些被认为有豌豆象居民的豌豆剖开之后放在玻璃试管里，我每天再剖开另一些。我通过这种办法了解到共居一处的豌豆象的生长发育状况。一开始并无任何特别的情况。每只幼虫独自在自己的狭小的窝里，嚼食自己周边的食物。它省俭着吃，不吵不闹。它还太小，稍微吃一点点食物就饱了。然而，一粒豌豆无法供养这么多幼虫吃到长大为止。饥饿有可能发生：除了一只而外，其余的全都得死去。

事情确实很快就发生了变化。幼虫中居于豆粒中心位置的那一只发育得比其他的幼虫要快。当它稍稍比自己的竞争对手们个头儿大一点点时，后者便全都停止进食，克制着自己不再往前探索食物。它们一动不动，听天由命；它们就如此这般地静静地死去了。

豌豆粒的所有占据者雄心相同，权利相等，所以全都往最美味的部分爬去。行程充满艰辛，临时的栖身之所反复出现，以便休息。在期盼更好的食物的同时，它们凑合着吃点儿自己身边已成熟了的食物；它们更多的是用牙来为自己开辟通道而非进食。

最后，那个掘进方向正确的掘土工便抵达了豆粒中心的乳制品厂。于是，它便在那儿安顿下来，而一切便已成为定局：其他的幼虫只有死路一条。

另有一个条件，空间的条件，在这件事中起着作用。在我们的那些豆象中，豌豆象是个头儿最大的。当它到了成年时，它就需要一种较宽敞的居所，而其他的那些豆象成年时并无这种要求。一粒豌豆可以为豌豆象提供一个很宽敞的居所，但是要住两个人就不行了，因为即使紧挨着也不够宽。这样一来，就必须毫不留情地精减人数，所以在一粒被侵入的豌豆里，除了一只幼虫而外，其他的竞争者一个不剩地被清除了。

而蚕豆则不同，它几乎像豌豆一样深受豌豆象的喜爱，但它却可以接纳好些个豌豆象同时下榻一家旅馆。刚才所说的那种独居者在蚕豆这儿就成了共居者。蚕豆地方宽敞，可住下五六只甚至更多的幼虫而又互不侵犯邻居的领地。

另外，每只幼虫都有最初几日的松软蛋糕在自己的嘴边，也就是说远离表面、硬化缓慢、味道保存得很好的那一层。这内里的一层是面包心，其余的则是面包皮。

在豌豆中，这松软的一层位于中心部分，是豌豆象幼虫必须到达的很小的一个点，到不了那儿，就必死无疑；而在蚕豆这块大圆面包里，这个内层覆盖着两片扁平的豆瓣。如果在这硕大的豆粒上随处吃上一口的话，每只幼虫只需在自己面前往下钻，很快就能钻到想吃到的食物。

现在，我们来看看由于兄弟姐妹全都死去而成为唯一的主人的豌豆象幼虫吧。在豌豆粒中央这个丰润的僻静处，它干起了自己唯一的本行——吃。它先吃自己周边的食物，继而扩大范围，只见它的肚子越来越鼓，它的窝儿在变大，但也随即被大肚子填满。它身轻体健，丰满迷人，透着健康的风采。

它发育得又快又好，以至酷暑来临时，它已经在忙着准备即将到来的外出了。豌豆象成虫没有配备足够的工具为自己在豌豆中打开一条通道钻出去，因为豌豆此时已经完全变硬了。幼虫知道自己将来的这种无奈，便早有预见，用一种绝妙的技艺摆脱困境。它用自己有力的颌（hé）钻出一个安全门，圆圆的，四壁十分光洁。

事先准备好逃跑的天窗还不够，还必须很好地考虑蛹干细致活儿时所需要之宁静。擅闯民宅者会从开着的天窗溜进来，进而损伤毫无防卫能力的蛹。所以这个天窗必须关上。

幼虫在钻逃逸的出口时，啃啮面粉状物质，连一点儿渣渣都不剩。待钻至豆粒表皮时，它便突然停下。这层表皮是一层半透明的薄膜，是幼虫变态用的凹室的防护屏，以防外来的不法之徒进入其间。

这也是成虫迁居时将遇到的唯一的障碍。为了使这道屏障易于脱落，幼虫曾在里层细心地围绕着盖子刻画出一道阻力不大的沟槽。发育成成虫后，只需用肩膀一顶，用额头稍稍一撞，圆盖就微微顶起，像木锅盖似的掉了下来。出洞口穿过豌豆那半透明的表皮展露出来，宛如一个宽大的环状斑点，因室内阴暗而不很明亮。

这种舷窗盖构思真巧妙，既是抵挡入侵者的街垒，又是豌豆象成虫在适当时机用肩膀一顶即开的活门。

八月份，或稍早些或稍晚些，一些黑斑在豌豆上出现，每粒上始终都是一个，毫无例外，这就是出口舱。九月份，其中绝大部分都会打开。好像是钻孔器钻出的舱门盖整齐划一地分离，落在地上，住屋的出入口便畅通无阻了。豌豆象以最终的形态衣着光鲜地爬了出来。

菜 豆 象

如果上帝在世间创造过一种蔬菜，那就是菜豆。菜豆有种种的优点：口感绵软，味道甜美，产量很高，价格低廉，营养丰富。它是植物性的肉，但不像屠户砧板上切下的肉那样让人感到血腥，且看着不舒服。为了记住它的好处，普罗旺斯方言称它为"穷人的点心"。它是受上帝赐福的一种豆子，象虫是不敢伤害它的。豌豆、蚕豆、扁豆、山鹠（lí）豆、小豌豆都是生虫子的。可菜豆是穷人的点心，是从不生虫的。

象虫科昆虫确实是瞧不起菜豆，如果大家看看其他的豆类是如何受到它们的疯狂侵害的，那就会觉得这种对菜豆的蔑视极其奇怪了。所有的豆类，连最小的小扁豆都难逃一劫，而菜豆个头儿又大，味道又美，却安然无恙。这可真让人难以理解。

对这种奇特的豁免权，除下面的解释外没有其他的解释：同土豆和玉米一样，菜豆是新大陆的一件礼物。它来到我们这里时没有昆虫伴随，它的合乎规定的开发者留在了当地。而在我们这儿的田野里，它遇到了另外一些吃豆粒的昆虫，可这些昆虫又不认识它，所以便对它不屑一顾了。

这种状况没能持续下去。如果说我们的田间地头没有喜爱这种豆子的昆虫，那么新大陆却有它的爱好者。通过商业交易，某一天总会有这么一两袋生虫的菜豆把它给我们带来的。这是不可避免的事。

根据我所掌握的资料，新近的这种入侵似乎不乏其例。三四年以前，我从罗讷河口地区的马雅内弄到了我一直在我家附近徒劳地寻找的东西。我当时在寻找时曾问过家庭主妇和农民，他们对我所提的问题感到十分惊讶。他们谁都没有见过什么菜豆虫，也从来没有听说过有这种虫。我的一些朋友听说我在寻找这种虫子，给我从马雅内寄来了可以说是大大地满足了我的博物学者好奇心的东西。那是一斗受到严重蛀蚀的菜豆，千疮百孔，简直像是海绵状。这些豆子里蠕动着一种无以数计的象虫，小得就像小扁豆中的小象虫。

寄豆子来的那些朋友跟我谈到在马雅内所遭受的损失。他们说，这种可恶的虫子毁掉了大部分庄稼。真是一种从未见过的大灾害，把菜豆给毁得差不多了，几乎让主妇们没有了可煮食的菜豆。至于这罪魁祸首的习性、活动情况，大家都不清楚。这得由我去进行实验，以便搞清是怎么个情况。

现在是六月中旬，我的园子里有一块地上长着早熟菜豆，是比利时黑菜豆，是种了自家吃的。即使损失了这宝贵的豆子，也得把这可怕的虫子放到这片绿色植物上去。根据我所看到的豌豆象的情况来判断，这些比利时黑菜豆已经成熟：花繁叶茂，豆荚也十分饱满，青翠欲滴，大小不一。

我在一只盘子里放了两三把马雅内菜豆，并把在太阳下蠕动着的一堆虫子放在比利时黑菜豆地边儿上。将要发生的情况，我觉得我已猜到了。获得自由的虫子和很快就被阳光刺激而解脱的虫子将会飞起来。它们将在附近寻找供养它们的植物，然后便停在上面，据为己有。我将看到它们探测豆荚和豆花；无须等得太久，我就会看到它们产下卵来。豌豆象在这样的条件下，也会这么做的。

可是，事情并非如此。我很困惑，为什么情况与我预料的会不一样。昆虫们在太阳下动来动去了有几分钟的工夫，微微张开鞘翅，然后又闭合上，以利飞行机械的运行，然后便起飞了，一只又一只；它们飞向明晃晃的空中；它们慢慢飞远，不一会儿便不见了踪影。

我又用红菜豆重新进行先前用黑菜豆所做的实验。我多次适时地把一窝一窝菜豆象放进绿叶丛里，它们是从我的短颈大口瓶里取出来的，每次的结果都宣告失败。整个收获季节里，我几乎每天都在延长研究的时间，直到两次收获全部结束，全都以失败告终。我到最后也没能发现一只有虫子占据的豆荚，甚至连一只在植物上驻足的象虫都没看见。

我又用长形瓶子装了一些还挂在枝上的新鲜豆荚，有一些是青翠碧绿的，另有一些呈胭脂红色，里面的豆粒接近成熟。每只瓶子里都放了不少的菜豆象。这一回，我获得了一些菜豆象卵，但我对这些卵不太有信心：菜豆象妈妈把这些卵下在了玻璃瓶内壁上，而不是下在豆荚上。但不要紧，反正它们也在孵化。我看见孵出的幼虫游来荡去了几天，以同样的兴奋劲儿探测豆荚和瓶子内壁。最后，它们一个个全都悲惨地死了，没有触动放在瓶内的那些食物。

这种结果是必然的：鲜嫩的菜豆并非它们之所爱。与豌豆象相反，菜豆象不愿把自己的孩子们托付给不是自然成熟和因干燥而变硬的豆荚；它不屑于在我的苗圃上停留，因为它在那儿找不到它所需要的食物。

那么它到底需要些什么呢？它需要老的、硬的、掉在地上像石头子儿似的嘭嘭响的豆子。我马上就满足了它。我在我的玻璃瓶里放进一些熟透了的、硬邦邦的、经太阳长时间照射而晒干了的豆荚。这一回，菜豆象人丁旺盛，幼虫们在干干的豆荚壳上，触到了豆粒，在豆粒上进行钻探，这之后一切都如愿地在发展。

从观察到的情况看来，菜豆象就是如此这般地侵入农民们的谷仓的。收获时在田野里，留下了一些菜豆，让太阳把枝茎和豆荚晒得又干又透。这样一来脱起粒来就容易得多。也就是在这个时候，菜豆象找到了自己中意的东西，便在上面产下卵来。农民们稍后把豆子收回去时，顺带着也把其侵害者带回家中。

不过，菜豆象主要是吃我们存入谷仓的豆子。菜豆象讨厌鲜嫩的谷粒而喜欢定居在谷堆上那又暗又静的环境之中。

这种侵害者一旦在我的宝贵的谷仓中安顿下来，它们的破坏劲儿可大着哩！我的小瓶子就充分地证明了这一点。光一粒菜豆上面就住了一大家子，常常有二十来个。而且还不只是一代，一年之中足有三四代安居其上。只要是豆皮下有可食物质，就有新消费者定居其上，直吃到菜豆粒只剩个空壳，惨不忍睹。豆粒表皮幼虫不屑去吃，最后成了一个满是窟窿眼儿的空袋子，而袋内的物质用指头一触，便立即成了一摊令人作呕的粉状物团团。菜豆被完全毁坏光了。

豌豆象是一粒豌豆上只有一只，它只吃掉为自己挖掘狭小的孵化室所必须弄掉的物质，而其余部分则完好无损，因此豌豆粒仍可发芽，并且还仍可以食用，只要你不厌恶就行，再说，这也没什么可以觉得厌恶的。美洲的菜豆象则不会这么手下留情，它要把自己那颗豆子吃个干干净净，只剩下一堆连猪都不吃的垃圾。

各种菜豆，无论白的和黑的，红的和杂色的，大的和小的，当年收获的和好几年前收获的几乎煮都煮不烂的，都适合于菜豆象。脱了粒的菜豆则更受青睐（lài），因为容易侵入，但是如

果脱了粒的不足时，有豆荚保护着的豆粒也同样受到菜豆象的喜爱。刚孵化出来的幼虫会钻透往往又皱又硬的豆荚触及豆粒。在田间地头菜豆象就是这样侵害菜豆的。

长荚果扁豆的优良品质也得到菜豆象的认可。这种扁豆在我们这里称作独眼菜豆，因为在豆荚的梗洼处有一黑点，好似带眼囊的眼睛，因此而得名。我甚至在我的那些菜豆象寄宿者中间看出它们对这种扁豆更加情有独钟。

直到这时之前，没有出现任何异常情况：菜豆象没有越出菜豆属植物这一食物范围。但是，这之后，情况变得危险了，菜豆象向我展示出它的意想不到的一面。它毫不犹豫地去吃干豌豆、蚕豆、山黧豆、野豌豆、鹰嘴豆；它总是津津有味地从这一种吃到那一种；它的孩子们同吃菜豆一样，吃这些豆类也吃得膘肥体壮的。唯独小扁豆不受欢迎，也许是因为小扁豆个头儿太小的缘故。

菜豆象的卵是白色的，呈小圆柱形。产卵无序，对产卵地点也不作任何选择。菜豆象妈妈产卵时，或只产下一个，或产下一小堆，既产在短颈大口瓶的内壁上，也产在菜豆上。卵只要是下在豆荚堆中的任何地方，都是合适的，因为新生儿自己会去寻觅并找到侵入点的。

卵顶多五天就孵化。刚孵出来时是个棕红脑袋的白色小家伙，是个勉强可以看得出来的一个小点点。幼虫上身鼓起，让自己的工具——大颚这个圆凿更加有力，因为它要利用这一工具在坚硬如木头似的种子上钻孔。树干上的矿工——吉丁❶和天牛的幼虫也是这么挺着上身的。小爬虫一出生便以一种我们不

注释 ❶ 吉丁：吉丁虫俗称爆皮虫、锈皮虫，属鞘翅目，吉丁科。成虫咬食叶片。幼虫蛀食枝干皮层，危害严重时树皮爆裂，故名"爆皮虫"。

相信这么小小年纪就会有的积极劲头儿随意地闲逛着，它这是想着尽快地找到栖身之所和食物。

一到第二天，大部分幼虫都办好自己的事了。我看见它们在种子的坚硬表皮上钻孔；我观看着它们的执着劲头儿；我还偶然看到幼虫半个身子下到刚凿出一点儿的坑道的开口处，坑口边有白色粉末，那是钻孔时弄出的粉屑。它钻进洞中，钻到种子的中心部位。五个星期后，它长大成为成虫后再爬出洞来，因为它长得很快。

菜豆象的快速发育成长使它一年能有好几代。我就见过四代。另外，单单一对夫妇便给我提供了八十个孩子。我们就只按一半来统计，因为夫妇双方是两个人，我是按两个性别的等量加以计算的。那么，到了年底，这第一对夫妻所生之后代就将是四十的四次方，那么幼虫时期的菜豆象总数就是五百多万只。

菜豆象的本领从各个方面来看都与我们所了解的豌豆象并驾齐驱。每只幼虫都在菜豆内为自个儿凿个小屋，但并不伤及菜豆的表皮这个保护屏障，待长成成虫要出去时，只需稍稍一顶，封盖便会脱落。到了蛹的末期，一个个的小屋宛如暗淡的星星似的在菜豆表面上闪现。最后，封盖脱落，幼虫爬出屋外，菜豆上留下一个个小洞，里面有多少幼虫就有多少个小洞。

尽管菜豆象成虫吃得很少，有点儿粉质碎屑就足够了，但在这大堆的食物上只要有可供利用的东西，它似乎就不想弃之而去。它们在菜豆堆中交尾；菜豆象妈妈随意地在菜豆上产卵；孩子们在菜豆中安顿下来，有的住在完好无损的豆粒里，有的则栖息于被钻了洞但并未被吃光耗尽的豆粒中；每隔五个星期，在美好的季节里，就有新的幼虫重新开始钻来钻去。最后，最后的那一代，也就是九月或十月的那一代，便得在小屋中昏昏欲睡，等待热天的归来。

　　一旦菜豆的毁坏者变得过分危险，对它们进行一场歼灭战并非难事。从它们的生活习性中我们得知应采取什么手段。它以收回来存在谷仓里的干燥豆类为食。在田间地头是很难对付它的，而且也是很难奏效的。它干坏事主要是在我们的谷仓里。这时候，敌人就待在我们家里，在我们力所能及的范围内。只需用农药喷洒，很容易就能将它们除尽。

金步甲的婚俗

　　众所周知，金步甲是毛虫的天敌，所以无愧于它那园丁的称号。它是菜园和花坛的警惕的田野卫士。它是个凶狠的吞食者，是所有力不及它的昆虫的恶魔，但它也会惨遭灭顶之灾。是谁把它吃掉的呢？是它自己以及其他许多昆虫。

　　有一天，我在我家门前的梧桐树下看见，一只金步甲慌忙地爬过。我把它抓住后，发现它的鞘翅末端受到损伤。但看不见其他什么伤残，觉得可以大加利用，便把它放进玻璃屋中，与二十五只常住居民为伴。

　　第二天，我去查看这个新寄宿者。它死了。头天夜里，同室居民攻击了它，那残缺的鞘翅没能护好肚腹，被对方给掏空了。破腹手术干净利落，没有伤及一点儿肢体。爪子、脑袋、胸部，全部完好无损，只是肚子被大开了膛，内脏被掏个精光。我眼前所见的是一副金色贝壳架，由双鞘翅合拢护着。

　　这种结果颇令我惊诧，因为我一向很注意查看，不让笼子里缺少吃食。蜗牛、鳃角金龟、螳螂、蚯蚓、毛虫以及其他可口的菜肴，我是换着花样地放进笼中，菜量充足有余。我的那些金步甲把一个盔甲受损、容易受攻击的同胞给吞吃掉，是无法以饥饿所致作为借口的。

有可能是那只鞘翅受损的金步甲暴露了它受伤的地方，同伴们受到了诱惑，视这个受伤的同胞为一只可以开膛破肚的猎物。但是，假如先前并没有谁受伤，那它们之间是否会相互尊重呢？从种种迹象来看，一开始，相互间的关系还是相安无事的。吃食时，金步甲们之间也从未开过战，顶多只不过是相互从嘴中夺食而已。在木板下躲着睡午觉，而且睡得很长，也没见有过打斗。我那二十五只金步甲把身子半埋在凉爽的土中，安静地在消食、打盹儿，彼此相距不远，各睡各的小坑中。如果我把遮阴板拿掉，它们立刻惊醒，纷纷四下逃窜，不时地相互碰撞，却并不干仗。

平静祥和的气氛很浓，似乎会永远这么持续下去。可是，六月，天刚开始热，我查看时发现有一只金步甲死了。它没有被肢解，同金色贝壳一模一样，如同刚才被吞食的那只伤残者的样子，使人想到一只被掏干净的牡蛎。我仔细查看了残骸，除了腹部开了个大洞，其他地方完好无损。由此可见，当其他的金步甲在掏空它时，那只受伤的金步甲是处于正常的状态的。

不几天，又有一只金步甲被害，同先前死的一样，护甲全都完好无损。把死者腹部朝下放好，它似乎好好的；而让它背冲下的话，它便是一只空壳，壳内没有一点儿肉了。稍后不久，又发现一具残骸，然后是一只又一只，越来越多，以致笼中居民迅速减少。

将近六月中旬，我亲眼看见一只雌金步甲在折腾一只雄金步甲。后者体形稍小，一看便知是只雄的。手术开始了。雌性攻击者微微掀起雄金步甲的鞘翅末端，从背后咬住受害者的肚腹末端。它拼命地又拽又咬。受害者精力充沛，却并不反抗，也不翻转过身来。它只是尽力在往相反的方向挣扎，以摆脱攻击者那可怕的齿钩，只见它被攻击者拖得忽而进忽而退的，未见其他任何抵抗。搏斗持续了一刻钟。最后，那只雄金步甲使出浑身力气挣脱开来，逃之夭夭。可以肯定，如果它没能挣脱掉的话，那它肯定就被那只凶残的雌金步甲开了膛了。

几天过后，我又看到一个相似的场面，结局却是完满的。仍旧是一只雌性金步甲从背后咬一只雄性金步甲。被咬者没做什么抵抗，只是徒劳地在挣扎，以求摆脱。最后，皮开肉裂，伤口扩大，内脏被悍妇拽出吞食。那悍妇把头扎进其同伴的肚子里，把它掏成个空壳。可怜的受害者爪子一阵颤动，表明已小命休矣。刽子手并未因此心软，继续在尽可能地往腹部深深掏挖。死者剩下的只是合抱成小吊篮状的鞘翅和仍旧连在一起的上半身，其他一无所剩。被掏得干干净净的空壳便撇在原地。

金步甲们大概就是这样死去的，而且死的总是雄性，我在笼子里不时地看见它们的残骸。幸存者大概也是这般死法。从六月中旬到八月一日，开始时的二十五个居民骤减至五只雌性金步甲了。二十只雄性全都被开膛破肚，掏个干干净净。

如果这只是日常所见的对手之间的寻常打斗，那么被攻击者显然会转过身来的，因为它完全有可能这么做。它只要身子一转，便可回敬攻击者，以牙还牙。它身强力壮，可以搏斗，定能占到上风，可这傻瓜却任凭对手肆无忌惮地咬自己的屁股。似乎是一种难以压制的厌恶在阻止它转守为攻，也去咬一咬正在咬自己的雌金步甲。

我喂养在笼子里的金步甲中的雄性，一个一个地被开膛破肚，一个不剩。它们是已经对交尾感到满足的雌性伴侣的牺牲品。从四月至八月的四个月里，每天都有雌雄配对，有时是浅尝即止，有的时候，而且比较经常的是有效的结合。

金步甲在情爱方面是快捷利索的。在众目睽睽之下，无须酝酿感情，一只过路的雄金步甲便向一眼见到的雌金步甲扑将上去。雌金步甲被紧紧搂住，微微昂起头来，以示赞同，而在其上的雄金步甲便用触角尖端抽打对方的脖颈。迅即就交配完毕，双方立即分开，各自跑去吃蜗牛，然后又各自另觅新欢，重结良缘，只要有雄金步甲可资利用即可。

在我养的金步甲园地里，男女比例失调，五只雌的对二十只雄的。但这并不要紧，没有什么争风吃醋的拼搏。雄性平和地占用、滥交遇上的雌性。有了这种忍让精神，早一天晚一天，机会多的是，经过多次相遇相试，每个雄性都能泄掉自己的欲火。

初春时节，我在附近石头下捕捉遇上的所有的金步甲，不问是雄是雌，而且仅从外部特征去看也挺难辨出雌与雄来。后来，在笼子里喂养之后，我知道了，雌性明显地要比雄性大一些。所以说，我那金步甲园地里的雌雄比例严重失调实属偶然所致。可以相信，在自然条件下，不会是雄性比雌性多这么许多的。

再说，在自由状态之中，不会见到这么多金步甲聚在一块石头下面的。金步甲几乎是孤独生活着的，很少看见两三只聚在同一个住所里。我的笼子里一下子聚着这么多实属例外，而且还没有导致纷争。玻璃屋中场地挺大，足够它们爬来爬去，自由自在，优哉游哉。谁想独处就可以独处，谁想找伴儿马上就能找到伴儿。

再说，囚禁生活似乎并不怎么让它们感觉厌烦，从它们不停地大吃大嚼、每日一再地寻欢交尾就可以看得出来。在野地里倒是自由，却没这么受用，也许还不如在笼子里，因为野地里食物没有笼子里那么丰盛。在舒适方面，囚徒们也是身处正常状态，完全满足了它们的日常习俗。

只不过在这里同类相遇的机会比在野地里多。这也许对雌性来说是个绝妙的机会，它们可以迫害它们不再想要的雄性，可以咬雄性的屁股，掏光它们的内脏。这种猎杀自己的旧爱的情况因相互比邻而居而加剧了，但是肯定没有因此就花样翻新，因为这种习性并非是一时兴起所造就的。

交尾一完，在野外遇见一只雄性的雌金步甲便把对方当成猎物，将它嚼碎，以结束婚姻。我在野地里翻动过不少石头，可从未见到过这种场景，但这并没有关系，我笼子里的情况就足以让我对此深信不疑了。

松树鳃角金龟

  在开始描述松树鳃角金龟时，我是存心在发表异端邪说。这种昆虫正式名称为"缩绒鳃角金龟"。我很清楚，关于术语分类法不必过于挑剔。你随便发出一种声音，再给它续上个拉丁文词尾，你就有了一个与昆虫学家标本盒上贴着的许多标签读音相近的词。如果这个粗俗的术语词指的是所标示的那种昆虫而非别的东西，那么这个词听起来不悦耳倒还罢了，但是，通常这个从希腊文或其他文种词根翻查出来的词都具有一些词义，初出茅庐者总希望从这里面找到一点儿启迪。

  这样他就遭殃了。那个学术味的词告诉他的是一些不得要领且无甚意义的意思，所以他常常是被弄得糊里糊涂，把他引向一些与我们的观察所提供给我们的真实情况没什么关联的现象。这有时会造成极其明显的错误，有时会给你一些荒诞不经的暗喻。只要是名称叫着好听，找一些词源学无法分析的词语岂不很好！

  如果说有些词不会让人立即想到其本义的话，那么"fullo"（缩绒）一词就属于此列。这个拉丁文词语意为"foulon"（缩绒工），亦即把呢绒浸湿，使之变得柔软，并对它进行加工处理的人。本篇所述之鳃角金龟与缩绒工在什么方面有些关系呢？我绞尽脑汁也百思不得其解，找不到一个可以接受的答案。

老博物学家普林尼在其著作中用 fullo 给一种昆虫命了名。在其中一篇文章里，这位大博物学家谈到了一些治疗黄疸（dǎn）、发烧、水肿的药物。在他的古方中，几乎应有尽有：黑狗的大长牙；粉红色布包着的鼠嘴；从活绿蜥蜴身上取下来放在羊皮袋里的蜥蜴右眼；用左手掏出的一条蛇的心脏；用黑布包好的带着毒螫（shì）针的四条蝎尾（三天中不让病人看到此药以及制作此药的人）；此外，还有不少怪诞的玩意儿。我吓得连忙把这本书合上，为这种治疗方法之愚昧无知而骇然。

在这些假借医学为幌子的荒谬药方中就有缩绒。书中写道，将缩绒金龟子一分为二，一半贴于右臂，另一半贴在左臂。

那么这位古博物学家所说的缩绒金龟子是什么呢？我并不很清楚。在描述这种东西时还说身上带有白点，这与松树鳃角金龟的特征相符，后者也带有白点，但这并不足以说明这就是松树鳃角金龟。普林尼自己似乎也没有十分确定其最好的这种药物究竟是何物。在他那个时代，肉眼还不会观察这种昆虫，因为它太小，只是孩子们的玩物，他们用一根长线拴住它，抡圆了甩着玩，有教养的大人对它是不屑一顾的。

这个专有名词看起来像是出自农村的没有知识又爱瞎起名字的观察者。老博物学家接受了也许出自孩子们想象出来的这个乡野叫法，而且也未多加考证，差不离儿就这么用上了。这个词古色古香，出现在我们面前，现代博物学家们接受了它。这就是我们最漂亮的昆虫之一成为缩绒工的由来。许多世纪以来就这么沿用了这个怪异的称谓。

尽管我对古老语言非常尊敬，但我还是不喜欢这么一个术语，因为它用在这儿是毫无道理的。真理应该战胜分类目录中的谬误。为什么不称它为松树鳃角金龟，以纪念那种它所喜欢的树，那是它空中生活的那两三个星期的天堂啊？其实这是很简单的事，是顺理成章的事。

在找到光明普照的真理之前必须在荒谬的黑夜之中久久地徘徊。我们所有的科学都证明着这一点，甚至数字科学。你试试把一组数字用罗马数字相加，你肯定会被那些复杂的符号搞得晕头转向而放弃，而且你将会承认零的发明在计算上是多么大的革命。这就是哥伦布的那只蛋，实际上不算是一回事，但必须想到它。

在将来会把不合时宜的"缩绒工"这个词抛弃之前，我们先把它叫作松树鳃角金龟吧。用这个名称谁也不会搞错，因为我们的这个昆虫只光顾松树。

它仪表堂堂，可与葡萄根蛀犀金龟媲美。它的服装如果说没有金步甲、吉丁、金匠花金龟的金属外衣那么豪华的话，那至少也是罕见的高雅。在一种黑色或栗色的底色上散布着一层厚厚的散花白绒点，既朴素又大方。

作为头饰，雄性松树鳃角金龟在短须尖上有七片重叠的大叶片，根据其情绪的变化或呈扇形张开，或闭合起来。人们一开始可能会把这漂亮的簇叶当作一个高灵敏度的感官，可以嗅到极微弱的气味，可以感知几乎听不见的声波，可以获知我们的感官都感觉不到的其他一些信息。雌性松树鳃角金龟却不如雄性的感官灵敏，它作为母亲的职责要求它也必须像做父亲的一样要感觉灵敏，然而它的触须头饰很小，由六片小叶片组成。

雄性松树鳃角金龟那呈扇形张开的大头饰有什么用处？对于松树鳃角金龟来说，那个七叶器官犹如大孔雀蝶的颤动的长触角，犹如牛蜣螂额上的全副甲胄，犹如鹿角锹甲大颚上的枝杈。到了寻偶求欢之时，它们全会以各自的方式挑逗异性，以求一逞。

漂亮的鳃角金龟在夏至将近时出现，与第一批蝉出现的时间

差不多。由于它出现的时间很准确，所以在昆虫历中都标明了，而昆虫历并不比四季年历的精确性差。最长的白昼来到，天总不见黑，麦子一片金黄，这时，鳃角金龟总会准时爬到自己的树上去。村里的孩童为纪念太阳节，都要在村子里的街道上点起圣让节❶篝火，但这个节日都没有鳃角金龟出现的日子准确。

在这一期间，每天日暮黄昏时分，如果天气晴和，鳃角金龟就会来到院子里的松树上。我仔细地观察着它们的一举一动。尤其是雄性鳃角金龟，在默默地不乏激情地使劲儿飞来转去，把自己那触角饰张得大大的；它们向着雌性鳃角金龟在等着它们的树杈飞去；它们飞过来飞过去，在最后一线光亮逐渐消失的苍茫天空中画出一道道黑线。它们歇了一会儿，又飞起来，重新开始繁忙的巡视。在这半个月左右的狂欢之夜，它们在树上都干些什么呢？

事情是明摆着的：它们在向美人儿们示爱，不断地献媚致意，直至夜色浓重。翌日清晨，雄的和雌的通常都占据着那些矮枝。它们单独地待在那儿，一动不动，对自己周围的一切无动于衷。用手去捉，它们也不逃走。它们大多数都在用后爪吊住身子，蚕食一根松针或咬着松针在悠悠地打盹儿。黄昏再次来临时，它们又开始嬉戏调情。

想看它们如何在树的高处嬉戏不怎么可能，我们就试着把它们捉来观察吧。早晨，我捉了四对，放进一个装有一根松枝的大笼子里。我看到的情景并未符合我的期望，原因是它们失去了飞翔的自由。顶多是不时地可以看到一只雄性鳃角金龟向它所心爱的雌性靠近；它展开自己的触角叶片，轻轻地抖动它们，也许是在探询对方是否接受它；它把自己打扮成美男子，

注释 ❶ 圣让节：6 月 23、24 日，宗教节日。

炫耀着自己那了不起的触角。但它未能遂愿，对方一动不动，仿佛对它的展示无动于衷。囚禁生活使之忧伤悲痛，难以克制。我未能继续观察下去。交尾似乎应该是在深夜进行，因此我错过了大好时机。

有一点尤为使我感兴趣。雄性鳃角金龟能够发出乐声，雌性亦然。雄性是否在用这种乐声作为逗引和召唤雌性的手段？雌性听到求爱者的乐声是否也用一种类似的乐曲回答对方呢？正常条件下，在树冠中发生这种情况是极有可能的，但我无法肯定这一点，因为我无论是在松树上还是在笼子里都没听见过类似的乐声。

这声音是从其腹部尖端发出的，腹尖轻轻地轮番抬起落下，尾部环节就会摩擦正保持静止状态的鞘翅后边缘。在摩擦面和被摩擦面都没有什么特殊的发音器。我用放大镜反复地观察来观察去，也没有发现有专门用来发声的细微条纹。两个面都是光滑的。那么声音是如何发出来的呢？

我们用湿手指在一块玻璃上或在一块窗玻璃上划过，就可以听见一种挺响的声音，与鳃角金龟所发出的声音有些相像。如果用一块橡皮在玻璃上摩擦，效果更佳，发出的声音更像鳃角金龟所发出的声音。如果注意音乐节拍，准能以假乱真，因为模仿得太像了。

鳃角金龟运动其腹部柔软部分时，就如同手指头上的肉质部分或那块橡皮，而玻璃片或窗玻璃就如同光滑的鞘翅，它极薄又很硬，而且极易震颤。因此，鳃角金龟的发声方法是非常简单的。如果想让它发出声音，只需用手指捏住它，并稍稍触动它一下即可。但它这并不是在歌唱，而是发出一种哀诉，是对自己不幸的命运的抗争。在它那奇特的世界中，歌声在表达痛苦，而沉默则是表示欢乐。

意大利蟋蟀

我们这儿见不着如同面包铺和乡间灶屋间的常客般的那种家蟋蟀。不过，如果说在我们村子里壁炉石板下面的缝隙里没有蟋蟀的叫声的话，那么作为补偿，夏夜的田野里却响着美妙的歌声，那是北方所不大能听到的。春季里，阳光灿烂时，田间地头的蟋蟀便唱起了交响曲；夏日里，在夜阑人静时，则有树蟋蟀，或称意大利蟋蟀在鸣唱。一个是昼间蟋蟀，一个是夜间蟋蟀，它们平分那美妙的季节。在前者停止歌唱期间，后者便开始唱起小夜曲来。

意大利蟋蟀没有黑色外套，而且体形也无一般蟋蟀那种粗笨的特点。恰恰相反，它细长、瘦弱、苍白，几乎全白，正适合夜间活动的习惯要求。你捏在手里都生怕把它捏碎。它在各种小灌木上，在高高的草丛中，跳来蹦去，很少待在地上生活。从七月一直到十月，它们日落时分开始歌唱，一直唱到大半夜，是一场悦耳动听的音乐会。

这儿的人们都非常熟悉这种歌声，因为无论多小的荆棘丛中都有这种交响乐的演唱者。它们甚至还在粮仓里歌唱，那是因为运草料时把它们夹带了来，使它们迷了路径，无法回返。这种苍白的蟋蟀习俗神秘，所以谁也不确切地知晓是什么蟋蟀唱出的这么好听的小夜曲的，人们误以为是普通的蟋蟀唱的，可是这个季节普通蟋蟀尚小，还不会歌唱。

意大利蟋蟀的歌声是"格里—依—依"、"格里—依—依"，这种缓慢而柔和的声音，唱起来还微微发颤，使歌声更加悦耳动听。你一听就会猜想到它的振动膜极其细薄而宽大。如果它待在叶丛中无人惊扰的话，它的声音就不会变化，但稍有动静，这位歌手便立即改用腹部发声。你刚才听见它一直在你面前歌唱，可突然间，你听见的是它在那边二十步开外的地方继续鸣唱，但音量减弱了，你还以为是距离使然。

你跑过去，但什么也没发现，声音仍旧是从原来的地方发出来的。还不仅仅如此。这一次声音是从左边传来的，也许是从右边或者是从后面传来的。你完全给弄糊涂了，无法凭借自己的听觉去辨别蟋蟀到底是在何处鸣叫的。你必须提着提灯，而且要极有耐心，还得小心翼翼，不出任何响动，才能在灯光的帮助下捉到这个歌唱家。我就如此这般地捉到了几只，放进笼中，从而多少了解了一点点迷惑我们听觉的演唱家的情况。

两片鞘翅都是由一片宽大的半透明干膜构成的，薄如一片白色洋葱片，能够整个儿地震颤。鞘翅状如圆的一端，上端略小。圆的这一端按一条粗重纵翅脉折成直角，再以鞘翅凸边沿体侧往下，在蟋蟀休息时，包住其身体。

右鞘翅覆盖在左鞘翅上。右鞘翅内侧靠翅根处有一块胼胝(pián zhī) ❶，辐射出五条翅脉，两条冲上，两条往下，而第五条几乎呈横向，略微泛红，是基本部件，也就是琴弓，这从其上横向的细锯齿一看便知。鞘翅的其他地方还有几条不太粗的翅脉，功用在于绷紧薄膜，但不是摩擦器的组成部件。

注释 ❶ 胼胝：茧子。也作跰胝。

左鞘翅，或者说下鞘翅，结构与右鞘翅相同，但区别在于琴弓、胼胝以及由胼胝辐射出去的翅脉位于上部表面。此外，我们还可以看到左右两把琴弓呈斜向交叉。

当蟋蟀放声歌唱时，左右鞘翅高高地竖起，宛如一张薄纱船帆，只是内边缘相互接触。这时候的左右两把琴弓是彼此斜着咬合的，它们相互摩擦便使得绷得紧紧的薄膜产生强烈的震颤。

根据每把琴弓是在另一个鞘翅的胼胝（其本身也是粗糙的）上还是在四条光滑的辐射翅脉中的一条上摩擦，蟋蟀发出的声音则有所不同。这也许部分地解释了为什么胆小的蟋蟀怀疑遇到危险时会用声音迷惑我们，让人觉得声音发自前后左右，难以捉摸。

声音的强弱、响亮、沉闷变化，使人产生距离上的错觉，这是蟋蟀这个腹语者的高超艺术手段，而这种错觉的产生还有另一个原因，这很容易发现的。声音响亮时，鞘翅是完全竖起的；声音沉闷时，鞘翅则多少有点儿下垂。当鞘翅处于下垂状态时，其外侧边缘不同程度地压在蟋蟀柔软的侧部，从而随之减小了振动部分的面积，声音也就随之变小。

用手指触摸敲响的玻璃杯，它便声音发闷，仿佛是从远处传来。灰白色蟋蟀深谙这个声学奥秘。当有人去捉它时，它便把振动片的边缘压在柔软的肚腹上，使人不知它身在何处。我们的乐器有制振器、消音器，意大利蟋蟀的制振器、消音器可与之媲美，而且结构简单，功效奇佳，胜我们一筹。

田间地头的蟋蟀及其同类昆虫也使用这种消音办法，把鞘翅边缘压在肚腹或高或低处，以减轻振动，但是它们中没有谁像意大利蟋蟀的本事那么大，能产生如此神奇的效果。

我们的脚步声一靠近，哪怕是极轻极轻的，蟋蟀就会用这种办法对付我们，使我们产生错觉。除此而外，它的声音还非常纯正，带有柔和的颤音。仲夏夜，万籁俱寂时，还有哪种昆虫的鸣叫胜过意大利蟋蟀的？那么优美，那么清脆。我不知有多少次，席地躺在迷迭香花丛中躲着，偷听那美妙迷人的音乐演唱会啊！

我的花园里夜间歌唱的蟋蟀非常多。每一簇红花岩蔷薇都有其合唱队员；每一束薰衣草中也都有自己的乐队。那枝繁叶茂的野草莓树丛中，那笃（dǔ）耨（nòu）香树丛中，都成了蟋蟀们的演唱场地。这个小天地中的小生物们在以自己那优美清亮的声音彼此探问，相互应答，或者可以说是对别的歌手无动于衷，只是自顾自地在抒发自己的情怀。

高处，我头顶上方，天鹅星座在银河中伸长它那巨大的十字架；下方，就在我的四周，蟋蟀在演唱交响曲，此起彼伏，抑扬顿挫。在唱出自己欢乐心声的这些小小的生命，使我忘记了群星璀璨。天空中的那些眼睛平静冷漠地眨巴着，在看着我们，可我们对它们却一无所知。

科学告诉我们它们离我们有多远，它们的速度有多快，它们的体积有多大，它们的质量有多重，还告诉我们它们不计其数，令我惊愕不已，但是这并未使我们有一丁点儿的激动。为什么？因为科学缺少了那个巨大的秘密，即生命的秘密。天上有什么？太阳在温暖着什么？理性告诉我们说，有一些类似于我们的世界，有一些生命在其间进行无穷变化的大地。这种宇宙观可谓宏大无比，却只是一种观念而已，并没有确凿的根据。确凿的事实才是至高无上的，是看得见摸得着的。所谓"可能"，甚至"极其可能"，都不是"明显"，并不是显而易见，无懈可击的。

可我的蟋蟀们却是我的伴侣，它们使我感到了生命的颤动，而生命正是我们的灵魂。正因为如此，我才身子倚着迷迭香树篱，只是心不在焉地随意向天鹅座瞥上一眼，我的全部心思都集中在蟋蟀那小夜曲上了。

一小块注入了生命的能感受苦与乐的蛋白质，远远超过庞大的无生命的原料。

田野地头的蟋蟀

　　谁想观看蟋蟀产卵都用不着做什么准备工作，只要有点儿耐心就行。布封说，耐心是一种天赋，我却谦虚地称之为观察者的优秀品质。四月份，最迟五月份，我们给它们配对，单独放在花盆里，放一层土，压实。食物只是一片莴苣叶，要常常换上新鲜的。花盆上盖上一块玻璃，以防它们跳出来跑掉。

　　这种装置简单有效，必要时还可以加一个金属网罩，那就更加高级了，这样我们就可以获得一些极其有趣的资料了。我们以后再谈这些。眼下，我们要盯着看它产卵，必须时刻警惕着，不让有利时机溜掉。

　　我持之以恒的观察有了初步满意的结果是在六月的第一个星期。我突然发现母蟋蟀一动不动，输卵管垂直地插入土层里。它并不在意我这个冒失的观察者，久久地待在那同一个点上。最后，它拔出输卵管，漫不经心地把那小孔洞的痕迹给抹掉，歇息片刻，溜达了一会儿，随即便在其花盆内它的地界儿里继续产卵。它像白额螽斯一样重复干着，但动作要慢得多。二十四小时之后，产卵似乎结束了。为了保险起见，我又继续观察了两天。

　　于是，我翻动花盆的土。卵呈淡黄色，两端圆圆的，长约三毫米。卵一个一个地垂直排列于土里，每次产卵的数目不等，有多有少，相互紧靠在一起。我在整个花盆的两厘米深的土里都发现有卵。我用放大镜勉为其难地尽量数清土里的卵，我估计一只母蟋蟀一次产卵有五六百个。这么多的卵肯定不久就会大大地被淘汰。

蟋蟀卵真像是个绝妙的小机械。孵出后，卵壳似一只不透明的白米粒，顶端有一个十分规则的圆孔，圆孔边缘是一个圆帽，作为孔盖用。圆帽并非由新生儿随意顶开或钻破的，而是中间有一条特别线条，闭合不紧，可自动启开。看卵孵出会挺有趣的。

卵产下之后大约半个月，前端出现两个又大又圆的黑黄点，那是蟋蟀的眼睛。在这两个圆点稍高处，在圆筒子的顶端，出现一条细小的环状肉。卵壳将从这儿裂开。很快，半透明的卵就能让我们看到婴儿那孵化中的小样儿。这时候就必须倍加小心，增加观察次数，尤其是早晨。

幸运垂青耐心的人，我的孜孜不倦终于有了报偿。稍稍隆起的肉在不停地变化着，出现了一拱就破的一条细线。卵的顶端被其中的婴儿的额头顶着，顺着那条细肉线抻着，像小香水瓶一样微微启开，分落两旁。蟋蟀便像小魔鬼似的从这个魔盒中钻出来了。

小魔鬼出来之后，壳儿还鼓胀着，光滑而完整，呈纯白色，圆帽挂在孔口。鸟蛋是由雏鸟喙上专门长着的一个硬肉瘤撞破的；蟋蟀的卵则是一个高级小机械，犹如一只象牙盒子似的自动启开。小蟋蟀额头一顶，铰链就启动，壳就张开了。

小蟋蟀一脱掉身上的那件精细外套，浑身发灰，几近白色，立刻便与上面压着的土搏斗开来。它用大颚拱土；它蹬踢着，把松软的碍事的土扒拉到身后去。它终于钻出土层，沐浴着灿烂的阳光，但它如此瘦小，不比一只跳蚤大，在弱肉强食的世界上经历风险。二十四个小时，它体色变化，成了一个漂亮的小黑蟋蟀，乌黑的颜色可与成年蟋蟀一争高下。原先的灰白色只剩下一条白带围在胸前，宛如牵着婴孩学步的背带。

它十分敏捷，用它那颤动着的长触须在探查周围空间。它奔跑，蹦跳，开心得很，以后体态发胖就没这么欢蹦乱跳的了。它年幼胃嫩，该给它吃些什么呢？我全然不知。我像喂成年蟋蟀一样，拿嫩莴苣叶喂它。它不屑吃它，或者也许是吃了点儿而我没看出来，因为它咬的印迹不明显。

不几天工夫，我的十对蟋蟀大家庭成了我的一大负担。一下子就是五六千只小蟋蟀，当然是一群漂亮的小家伙，可它们都需要如何照料我却一无所知，这叫我如何是好。啊，我可爱的小家伙们，我将给予你们充分的自由，我将把你们托付给大自然这个至高无上的教育者。

我就这么办了。我找到花园里最好的一些地方，把它们这儿那儿地放生一些。如果它们一个个都活得很好，明年我的门前会有多么美妙动听的音乐会呀！但是，这美景并未出现，可能不会有什么美妙动听的音乐会了，因为母蟋蟀虽然大量产卵，但随之而来的是凶残的杀戮。幸存下来的很可能只有几对蟋蟀。

首先奔来抢掠这天赐美味、大开杀戒的是小灰壁虎和蚂蚁。尤其是蚂蚁这个可恶的强徒恐怕不会在我的花园里给我留下一只蟋蟀的。它抓住可怜的小家伙们，咬破它们的肚皮，疯狂地大嚼一通。

啊！该死的恶虫！可我们一直把它视为第一流的昆虫呢！书本上在赞扬，对它还赞不绝口；博物学家们把它们捧上了天，每天都在为它们锦上添花；动物界同人类一样，让自己威声远扬的办法有千万种，但最可靠的办法则是损人利己，这是千真万确的道理。

谁都不了解弥足珍贵的清洁工食粪虫和埋葬虫，可吸血的蚊虫、长毒刺的凶狠好斗的黄蜂以及专干坏事的蚂蚁却无人不知无人不晓。在南方的村子里，蚂蚁毁坏房屋椽子的热情如同它们掏空一棵无花果树一样。我无须赘述，每个人都能从人类的档案馆中找到类似的例证：好人无人知晓，恶人声名远扬。

由于蚂蚁以及别的一些杀戮者的屠杀之无情，我花园中开始时数量多多的蟋蟀日渐稀少，使我的研究难以为继。我只好跑到花园以外的地方去进行观察了。

八月里，在尚未被三伏天的烈日烤干的草地上的小块绿洲的落叶中，我发现了已经长大了的小蟋蟀，与成年蟋蟀一样全身墨黑，初生时的白带子已经全褪去了。它居无定所，一片枯叶、一片砖瓦足可以遮风避雨，犹如不考虑何处歇足的流浪民族的帐篷一样。

直到十月末，初寒来临，它才开始筑巢做窝。据我对因于钟形罩中的蟋蟀的观察，这个活儿非常简单。蟋蟀从不在其中的一个裸露地点筑巢，而总是在吃剩的莴苣叶遮盖着的地方做窝，莴苣叶代替了草丛作为隐藏时不可或缺的遮檐。

蟋蟀工兵用前爪挖掘，利用其颚钳挖掉大沙砾。我看见它用它那有两排锯齿的有力的后腿在蹬踢，把挖出的土踹到身后，呈一斜面。这就是它筑巢做窝的全部工艺。

一开始活儿干得挺快。在我的囚室的松软土层里，两个小时的工夫，挖掘者便消失在地下了。它还不时地边后退边扫土地回到洞口。如果干累了，它便在尚未完工的屋门口停下来，头伸在外面，触须微微地颤动着。休息片刻之后，它又返回去，边挖边扫地又继续干起来。不一会儿，它又干干歇歇，歇息的时间也越来越长，我观察的劲头儿也随之减低了。

最紧迫的活计完成了。洞深两寸，目前已够用了，余下的活计费时费力，得抽空去做，每天干点儿。天气日渐转凉，自己的身体在渐渐长大，巢穴得逐渐加深加宽。即使到了大冬天，只要天气暖和，洞口有太阳，也能常常看见蟋蟀在往外弄土，说明它在修整扩建巢穴。到了春光明媚时，巢穴仍在继续维修，不停地修复，直至屋主去世为止。

四月过完，蟋蟀开始歌唱，先是一只两只，羞答答地在独鸣，不久便响起交响乐来，每个草棵棵里都有一只在歌唱。我很喜欢把蟋蟀列为万象更新时的歌唱家之首。在我家乡的灌木丛中，在百里香和薰衣草盛开之时，蟋蟀不乏其应和者：百灵鸟飞向蓝天，展放歌喉，从云端把其美妙的歌声传到人间。地上的蟋蟀虽歌声单调，缺乏艺术修养，但其淳朴的声音与万象更新的质朴欢快又是多么的和谐呀！那是万物复苏的赞歌，是萌芽的种子和嫩绿的小草能听懂的歌。在这二重唱中，优胜奖将授予谁？我将把它授予蟋蟀。它以歌手之多和歌声不断占了上风。当田野里青蓝色的薰衣草如同散发青烟的香炉，在迎风摇曳时，百灵鸟就不再歌唱了，人们只能听见蟋蟀仍在继续低声地唱着，仍在庄重地歌颂着。

现在，解剖家跑来啰唆了，粗暴地对蟋蟀说："把你那唱歌的玩意儿让我们瞧瞧。"它的乐器极其简单，如同真正有价值的一切东西一样；它与螽斯的乐器原理相同：带齿条的琴弓和振动膜。

蟋蟀的右鞘翅除了裹住侧面的皱襞（bì）而外，几乎全部覆盖在左鞘翅上。这与我们所见到的绿蚱蜢、螽斯、距螽以及它们的近亲完全相反。蟋蟀是右撇子，而其他的则是左撇子。

两个鞘翅结构完全一样，知道一个也就了解了另一个。我们来看看右鞘翅吧。它几乎平贴在背上，但在侧面突呈直角斜下，以翼端紧裹着身体，翼上有一些斜向平行细脉。背脊上有一些粗壮的翅脉，呈深黑色，整体构成一幅复杂而奇特的图画，形同阿拉伯文似的天书。

鞘翅透明，呈淡淡的棕红色，只是两个连接处不是如此，一个连接处大些，三角形，位于前部，另一个小些，椭圆形，位于后部。这两个连接处都由一条粗翅脉围着，并有一些细小的皱纹。第一处还有四五条加固的人字形条纹；后一处只是一条弓形的曲线。这两处就是这类昆虫的镜膜，构成其发声部位。其皮膜的确比别处的细薄，是透明的，尽管略呈黑色。

那确实是精巧的乐器，比螽斯的要高级得多。弓上的一百五十个三棱柱齿与左鞘翅的梯级互相啮合，使四个扬琴同时振动，下方的两个扬琴靠直接摩擦发音，上方的两个则由摩擦工具振动发声。所以，它发出的声音是多么雄浑有力啊！螽斯只有一个不起眼的镜膜，声音只能传到几步远的地方，而蟋蟀有四个振动器，歌声可以传到数百米以外。

蟋蟀声音亮度可与蝉匹敌，而且还不像蝉的叫声那么沙哑，令人讨厌。更妙的是，蟋蟀的叫声抑扬顿挫。我们说过，蟋蟀的鞘翅各自在体侧伸出，形成一个阔边，这就是制振器；阔边多少往下一点儿，即可改变声音的强弱，使之根据与腹部软体部分接触的面积大小，时而是轻声低吟，时而是歌声嘹亮。

只要是不爆发交尾期间本能的争斗，蟋蟀们便会在一起和平相处。然而求欢者们之间，打斗是家常便饭，而且互不相让，但结局倒并不严重。两个情敌相互头顶着头，互相咬脑袋，但它们的脑壳是一顶坚硬的头盔，能够顶住对方铁钳的夹掐，只见它俩你顶我拱，扭在一起，然后复又挺立，随即各自离去。战败者逃之夭夭；得胜者放开歌喉羞辱对方，然后转而柔声低吟，围着情人轻唱求欢。

求欢者很会搔首弄姿。它手指一勾，把一根触须拽回到大颚下面，把它蜷曲起来，用其唾液作为美发霜在其上涂抹。它那尖钩、镶着红饰带的长长的后腿，焦急地跺着，向空中蹬踢着。它因激动而唱不出声来。它的鞘翅在急速地颤动着，却不再发出声响，或者只是发出一阵零乱的摩擦声。

求爱无果。母蟋蟀跑到一片生菜叶下躲藏起来。但是，它还是微微撩起门帘在偷看，而且也想被那只公蟋蟀看见。

　　它向柳树丛中逃去，
　　却在偷窥着求欢者。

两千年前的一首牧歌就是这么温情地唱颂的，情人间打情骂俏到处都一个样儿！

圣 甲 虫

　　各种食粪虫尽管成天与粪便打交道，却享有一种美誉。它们的身材一般都小巧玲珑，穿戴庄重而且无可挑剔地光鲜，身子胖乎乎的，呈短壮体形，额头和胸廓上都佩戴着奇异饰物，因此在收藏家的标本盒里显得光彩照人，尤其是法国的那些品种，乌黑油亮，外加一些热带的品种，金光闪烁，黑紫油亮。

　　它们是畜群的挥之不去的客人，但它们身上可散发出一种苯甲酸的微微香气，可以净化一下羊圈里的空气。它们那田园诗般的习性令昆虫分类辞典的编纂（zuǎn）者们大为震惊。

　　一堆牛粪堆儿上，瞧那个你争我夺的劲头儿哇！从全球各地蜂拥到加利福尼亚❶的淘金者们也没有它们的那股狂热劲儿。在太阳太毒之前，它们成百成百地奔来，大大小小，形状各异，体形有长有短，品种齐全，全都乱糟糟地爬来滚去，意欲在这个大蛋糕上为自己分上一份儿。有的在露天干活儿，在表层搜刮；有的钻进厚实的牛粪堆里，挖出地道，寻找优质矿脉；有的开凿底层，立即把财宝埋进地里；那些个头儿小又无力气的则待在一旁捡拾其身强力壮的合作者们掉下的渣渣屑屑什么的。

　　注释　❶ 加利福尼亚：美国人口最多、经济最发达的州。

有几个新来的想必是饿得不行，在原地就吃上了，但大多数则是想大捞一把，藏于安全之处，以备不时之需。当你想置身于百里香遍地的原野时，一点儿新鲜牛粪都见不到，突然来到这里，见到这么大堆大堆的宝物，那真是天赐之物哇，只有有福分的才有这么幸运。因此，它们便把今天这宝贵财富小心谨慎地收藏起来。粪香四溢，方圆一公里都能闻到，食粪虫们闻讯纷纷赶来，抢夺、瓜分这些美味食品。有几个落在后面的又跑又飞地正忙着往前赶哩。

那个生怕到得太晚而向着粪堆一溜儿小跑的是哪一位？它那长长的爪子僵硬笨拙地倒腾着，仿佛其肚腹下面有一个机械在推动着似的；它的那对棕红色小触角大张开来，透着垂涎欲滴的焦急不安。它在拼命地赶，赶到了，还撞倒了几位食客。它就是圣甲虫，一身墨黑，是食粪虫中个头儿最大又最有名气的一种。古埃及对它尊崇备至，把它视作长生不老的象征。它已入席，与其同桌的食友并肩战斗，其食友们正在用自己宽大的前爪心轻轻地拍打粪球，进行最后的加工，或者再往粪球上加上最后一层，然后抽身而去，回家安安心心地享用自己的劳动成果。

圣甲虫头部边缘是个帽子，宽大扁平，上有六个细尖齿，排成半圆。这就是它的挖掘和切割工具，是它的叉耙，可以用来撬起和抛撒无养分的植物纤维，把好东西耙在一起积聚起来。挑选食物就是这样进行的，因为对于这些精细的行家来说，什么好什么差它们是十分清楚的。如果圣甲虫是为自己寻找食物的，它们选个差不离儿就行了，但如果是为了自己的孩子考虑的，那它们则会严格挑选，一丝不苟。

为解决自己的食物问题，圣甲虫并不挑剔，粗略地选一选就行了。它用带齿的头盔拱一拱，挑一挑，去除不需要的，然后把其他的归拢一下就得了。两条前腿一起用力地忙乎。其前腿是扁平的，弯成弓形，上有粗壮的纹脉，外侧配备着五个硬齿。假如需要用力，推开障碍物，在粪堆中最厚实的部分清出一条道来，圣甲虫便用肘力，也就是说用其带齿的前腿左扫右拨，再用齿耙用力一耙，便清出一个半圆形的空地来。场地清好之后，前腿还有另一种工作要做：把顶耙耙到的东西归拢在一起，弄到自己的肚腹下面的后面四只爪子之间去。这后面四只爪子是生就为了做旋工工作的。这些足爪，尤其是那最后的一对，又细又长，微微弯曲成弓形，顶端长有一个很锋利的尖爪。稍许看上一眼就会知道它们酷似圆规，在其弧形支脚之间，环成一种球形，可测量球面，加工球形。它们的功用确实是加工粪球的。

食物一耙一耙地被耙到肚腹下面的四条腿中间，后腿再稍一用力，就把粪球的雏形按腿部曲线给挤压成了。然后，这雏形粪球不时地被四条后腿形成的两副圆规摇动、挤压，逐渐变小变实，再由肚腹加工，粪球的形状臻于完善。如果粪球表面层太硬，有剥落的危险的话，如果某一部分纤维太多，无法旋的话，前腿就对不合适的地方进行再加工，它们用宽大的拍子轻轻拍打粪球，使得新添加的东西与原先的拍得很实地合二为一，并把那些不易黏结的东西拍实在粪球上。

烈日当空，加工工作在紧张地进行之中，你可以看到旋工的活儿干得多么的利索，让你肃然起敬。那活计如此这般地飞快地进行着：一开始是个小弹丸，现在变成了一粒核桃，不一会儿就有苹果一般大小了。我曾见过食量大的圣甲虫竟然旋出一个拳头大小的粪球，这肯定得花好几天的工夫。

储备的食物制作完毕，现在就得撤出混乱的战场，把食物运到合适的地方。这时候圣甲虫最令人惊奇的习性开始展现出来了。圣甲虫迫不及待地上路了：它用两条长后腿搂住粪球，而后腿尖端利爪则插入球体中去，当作旋转轴；它以中间的两条腿作为支撑，而以前腿带护臂甲的齿足作为杠杆，双足轮流着按压、弓身、低头、翘臀，倒退着运送粪球。后腿是这部机器的主要部件，它们在不停地运作；它们一来一回，变换着足爪，以调整轴心，让负载物保持平衡，并在其一左一右的交替推动之下，把粪球往前滚动。这样一来，粪球表面各点都轮流地接触地面，使之不停地碾压，形状更加完美，而球面硬度因均匀地受压而趋于一致。

使劲儿呀！行了，它滚动了，它一定会被运到家的，当然少不了遇上困难。这一个困难说来就来，但还不算严重：圣甲虫碰到了一个斜坡，沉重的粪球要顺着斜坡滚下去的，但是圣甲虫认准了自己的理儿，偏要横穿这条天然道，这可够大胆的，稍一失足，稍踩到一点儿碍事的沙子，就会失去平衡，就前功尽弃了。果不其然，它脚下一出溜，粪球便滚到沟里去了；圣甲虫被滑落的粪球一带，弄了个仰面朝天，手脚乱蹬乱踢。它终于翻转身来，追赶粪球。它的机器更加卖力地工作起来。该当心点儿了，傻蛋儿；沿着沟底走，既省力又保险；沟底路好走，特别平坦；你不用太用力，粪球就能滚动向前的。可是圣甲虫就是不听，它偏要再往那个对它来说是不祥之物的斜坡去。也许再登高处对它来说是合适的。它小心翼翼地，一步一步地，艰难万分地往上滚动那巨大的粪球。它一直是倒退着在推动。稍一协调不好，它便白忙活半天了：粪球滚落下去，把它也连带着摔下去了。然后，它又开始往上爬，不一会儿又摔了下去。它随即又往上爬，这一次走得挺好，艰难路段总算通过了，原来是一个禾本植物的根在作怪，让它摔下去好几次，这一次它谨慎地绕开了这个该死的根。再使一把力就到顶了，但坡陡道艰，稍有不慎便前功尽弃。你瞧，脚踩在光滑的卵石上，一滑，粪球和圣甲虫一起连滚带翻地又滑掉下去了。可圣甲虫又开始往上爬，仍旧坚韧不拔，没有什么能使它气馁的。十次、二十次地试着这老也爬不上去的攀登，最后，它或者是以顽强的意志战胜了千难万险，或者是经过更加缜密的思考，承认自己先前所做的无谓的努力，它选择了平坦的路径，终于如愿以偿，完成了任务。

圣甲虫并非总是单独地运送那珍贵的粪球，它经常要找一位同伴相帮，或者说得更确切一些，是同伴主动跑来帮忙。一般情况下是这么干的：一个圣甲虫制成了粪球之后，便爬出纷乱熙攘的群体，倒退着推动自己的战利品离开工地，最晚赶来的那些圣甲虫有一个在它的身旁，刚开始在制作自己的粪球，便突然放下手中的活计，奔向滚动着的粪球，助那个幸运的拥有者一臂之力，后者似乎很乐意接受这种帮助。这之后，这两个同伴便联手干起活儿来。它俩争先恐后地努力把粪球往安全的地方运去。在工地上是否果真有过协议，双方默许平分这块蛋糕？在一个揉制粪球时，另一个是否在挖掘富矿脉以提取原料，添加到共同的财富上去呢？

那么，是否是异性间的一种合作，是一对圣甲虫在忙着成家立业？通过解剖，我便丢掉了这种恩爱夫妻的场景。圣甲虫从外表上看去是分不出雌雄来的。因此我把两只一起运送粪球的圣甲虫拿来解剖：我发现它们往往是同一个性别的。

既无家庭共同体，也无劳动共同体。那么这种表面上的合伙儿存在的理由是什么呢？理由很简单——纯粹是想打劫。那个热心的同伴假借着帮一把手，其实是心怀叵（pǒ）测，一有机会便抢走粪球。把粪粒制成球既累人又要有耐心；如果能抢个现成的，或者至少强行入席，那可就合算得多了。如果主人没有警惕，帮忙者就可抢了粪球逃之夭夭；如果主人的警惕性很高，那就以自己也出了一份力而二人同席。这一手怎么都可获益，因此抢掠就成了收效最好的一种手段。有的就阴险狡猾地这么去干了，正如我刚才所说的那样，它们兴冲冲地去帮一位同伴，其实后者根本用不着它们帮忙，而且它们装着好心好意，实际上心里暗藏杀机。还有一些圣甲虫，也许更加大胆，更加相信自己的实力，干脆直奔主题，强行抢走他人的粪球。

这种抢劫行径无处不在。一只圣甲虫独自推动着自己通过努力劳动所获得的合法收益安静地离去了。另外一只，也不知是从哪里冒出来的，飞来抢夺，身子重重地落下，把被烟熏了似的翅膀收在鞘翅下面，然后挥起带锯齿的臂甲的背面扇倒粪球的主人，后者正在忙着推动粪球，根本就无招架之力。当受袭者拼命挣扎，重新站稳脚跟时，攻击者已经立于粪球高处，那是击退对手的最有利的位置。它把臂甲收回胸前，准备迎敌，以防不测。失窃者围着粪球转来转去，寻找有利的出击点；盗窃者则立于城堡顶上不停地转动，始终面对着失窃者。如果失窃者立起身来攀登，盗窃者便朝前者的背部猛地一击。如果进攻者不改变策略来收回失物的话，那防守者因占据城堡高处，必将一次次地挫败对手的进攻。这时，进攻者企图把城堡及其守卫一并推翻。粪球底部受到摇晃，开始缓缓滚动起来，盗窃者也随着滚动，但它想尽办法始终立于粪球顶上。它做到了，但并非始终如此。它在不停地急速跟着转动，使自己保持平衡。万一脚下一滑，优势没了，那就只好与对手短兵相接，双方身体对身体，胸部对胸部，你顶我撞开来。它们的爪子绞在一起，节肢缠绕，角盔相撞，发出金属锉磨的尖厉之声。然后，把对手掀翻，挣脱开来的那一位便匆忙爬上粪球顶端，抢占有利地形。围困又开始了，忽而抢掠者被包围，忽而被抢者受包围，这全由肉搏时的胜败来决定。抢劫者无疑贼胆包天且敢于冒险，往往总是占据上风。因此，被抢劫者经过两次失败之后，便失去斗志，明智地回到粪堆去重新制作一个粪球。而那个抢劫得手者非常害怕已解除的险情会重新出现，便把抢掠来的粪球赶忙往自己觉得保险的地方推去。有时候，我还看见有第二个抢劫者突然飞临，抢掠前一个窃贼的赃物。

我称那两个合作者为合伙运送者。它们中一个是强行入伙，而另一个则也许是无可奈何地接受的，生怕会遇到更大的不测。它俩的相逢倒还算和气。合伙者到来之时，物主正一门心思在干自己的活儿；新来者似乎怀着最大的善意，立即投入工作。二人一推一拉，相互配合。物主占着主导位置，担当主角：它从粪球后面往前推，后腿朝上脑袋冲下。那个帮手则在前面，姿势与前者相反，脑袋朝上，带齿的双臂按在粪球上，长长的后腿撑着地。它俩一前一后把粪球夹在当中，粪球就这么滚动着。

它俩的配合并非总是很协调的，尤其是因为帮手背对路径，而物主的视线又被粪球遮挡住了。因此，事故频发，摔个大马趴是常有的事，好在它们也泰然处之，摔倒了立即爬起来，仍旧是各就各位，各司其职。即使是在平地上，这种运输方式也是事倍功半的，因为二人的配合无法天衣无缝，其实只要在粪球后面的一个圣甲虫干，也照样会干得很快，而且干得更利索。那个帮手虽然差点儿弄得无法运送，但在表现出自己的善良意愿之后，决定稍事休息，当然，它是不会放弃它已视作是自己的财产的那个宝贝粪球的。摸过的粪球就是自己的粪球。但它也不会掉以轻心贸然从事，否则，对方会把它给晾在那儿。

它把腿收回到肚腹下面，身子贴在粪球上，与之浑然一体。粪球和这个贴在其表面的帮手在合法主人的推动下一起往前滚动着。粪球在它的身下，随着粪球的滚动，它忽而在上，忽而在下，忽而在左，忽而在右，它毫不在乎。它就是要帮忙帮到底，而且是默默无闻的。这种帮手真少见，让别人用车推着自己，还要得一份儿酬劳！这时，前方遇到一个大斜坡，它只好帮一把手了。行到陡坡上时，它当上了排头兵，只见它用自己那带齿的双臂猛拽住笨重的大粪球，而其同伴，那个物主则在下方拼命抵住，一点点地往上顶着。我看见这两个合伙者，就这样一个在上方拽着，一个在下方顶扛着，配合十分默契地往坡上爬着，如果没二人的通力合作，光靠一个人是怎么也无法把粪球推上去的。但是，并非所有的人在这一艰难时刻都会表现出同样的热情。有一些圣甲虫在攀爬斜坡这种必须通力合作才行的时刻，似乎根本没有看见有困难要克服似的。当倒霉的西西弗斯在拼了小命试图越过障碍时，另一位则高高在上，稳坐钓鱼台，与粪球一起滚下，一起滚上。

我们假定那只圣甲虫很幸运，找到了一个忠实的合伙者，或者更好一些，假定它在途中没有碰上不请自来的同类。那么，一切就绪，可以进行下一步了。地窖已挖好，是一个在松土地上挖的洞，通常是在沙地上挖，洞不深，有拳头般大小，有一条细道与外界相通，细道大小正好够让粪球进入。粮食一入地窖，圣甲虫便躲在家里，用藏于角落里的杂物把地窖入口堵住。大门一关，外面根本看不出这里下面有个宴会厅。大功告成，它高兴万分；宴会厅里全都登峰造极！餐桌上摆满了奢华食物；天花板遮挡住当空烈日，只让一丝温馨湿润的热气透进来；心平气静，环境幽暗，外面的蟋蟀合唱声阵阵，这一切都有助于肠胃功能的发挥。

我看到光一个粪球几乎就把宴会厅塞满了：这奢华的食物下抵地板上顶天花板。一条狭小的通道把粪球与墙体隔开。食者就在通道上用餐，顶多是两位，经常是独自一人，肚子贴在餐桌上，背顶着墙壁。座位一旦选好，就不再挪动了，**然后便**放开嘴吃起来，没有一点儿小的争吵，那样会少吃上一口的；也不挑挑拣拣的，否则就会浪费食物。一切都得按先后次序，一丝不苟地穿肠过肚。通过解剖，我惊叹地发现它的**肠道**出奇地长，盘来绕去，使得进入的食物可以慢慢地被吸收，直至最后一个可以利用的颗粒被消化掉为止。因此，食草动**物**未能吸收的东西，食粪虫类昆虫的高效蒸馏器却可从中提取**一些**营养，而这些营养稍加处理，就变成了圣甲虫的墨黑的铠甲和其他食粪虫类昆虫的金黄色的和赤红色的胸甲。

不过，这种令人赞叹不已的垃圾处理工作得在最短的时间内完成，这是环境卫生所限定的。而圣甲虫就具有这**种**也许其他昆虫所没有的很强的消化能力。一旦食物进入地窖里，圣甲虫便日夜不停地吃着，直到把食物消灭干净为止。

整个粪球就这么一点儿一点儿地依次通过消化道，然后，圣甲虫隐士便爬出地面，寻找机遇，找到后，便再做粪球，一切就又重新开始了。

有一天，天气很热，闷热无风，这种氛围很适合我喂养的圣甲虫们大快朵颐（yí）。于是，我手里拿着表，守在一个露天进食者的面前仔细观察着，从早上八点一直盯到晚上八点。这只圣甲虫似乎遇上了一块颇对胃口的食物，整整十二个小时，它都没停止过咀嚼，始终待在餐桌前的同一个地点一动不动地吃个没完。晚上八点钟时，我最后看了它一次。只见它的胃口始终未减，那样子像刚开始吃时一样地起劲儿。这宴席还持续了一段时间，直到整个食物全部消灭干净为止。第二天，那只圣甲虫确实没再在那儿了，头一天大嚼个没完的那块食物只剩下点儿渣渣末末了。

时针转了一圈还要多，这么长的一幕就是进餐，狼吞虎咽，精彩至极，但是，那消化的一幕则更是妙不可言。圣甲虫前头不停地吃，后头则不断地排泄，那已不再含营养成分的排泄物连成一条黑色细线，如同鞋匠的细蜡绳。它是边吃边排泄，足见其消化之神速。刚一开始咀嚼，它那拔丝机便运转起来，直到最后几口吃完之后，这机器才停止运转。那根细蜡绳从头到尾没有出现断头，始终挂在排泄口上，下面的则已盘成一堆，只要没有干透，则可以轻易展开来成为一条细长绳。

排泄的过程如同秒表一般精确。每隔一分钟，更精确地说是四十五秒钟，一小节排泄物便出来了，细绳则增长三四毫米。等细绳长到一定程度，我便把它截断，放在刻度尺上量量其长度。我测量的结果，每十二小时的排泄物总长度为两米八十八。晚上八点，我是提着灯最后一次去察看的，这之后，圣甲虫又继续消夜，所以进餐与制绳工作又持续了一段时间，圣甲虫拉成的那根没有断头的细长绳总长约为三米。

知道了绳长及其直径，排泄物的体积很容易便能测算出来。而要测出圣甲虫的精确体积，同样也不难，只要把它放入有水的量筒，查看一下水位线即可。所获得的数据并非没有意义：这些数据告诉我们，圣甲虫一次连续十二个小时的进食竟消化掉几乎与自己的体积相等的食物。这使我不由得想到，这么一座如此高效地清除垃圾的实验室在环境卫生方面是可以起点儿作用的。

圣甲虫的梨形粪球

圣甲虫的粪球从形状上看，就像个小小的梨子，大概熟过了头，色泽不新鲜了，变成了紫褐色。

我在山坡上找到了一个圣甲虫的洞穴，上面新堆成一个鼹（yǎn）鼠丘，一眼就可认出来。我用携带着的小铲子把洞穴挖开来，仔细查看洞穴内部的安排布置。

那湿热的半张开的地洞里，一只完美的梨形粪球待在那儿。我这已是第二次看到这种奇特的梨形粪球了。这种形状是正常的，不是例外？圣甲虫在地上滚动的那个类似这种球体的球体是否并不存在？我继续挖下去，再看看究竟是怎么回事。我又找到了第二个洞穴。同第一个一样，里面也有一只梨形粪球。这两个玩意儿一模一样，简直像是一个模子里倒出来的。有一个细节颇有价值：在第二个洞里，在梨形粪球旁边，圣甲虫妈妈怜爱地紧搂着梨形粪球，想必是专心一意地在对它进行最后的加工，然后自己就永远地离开这个洞穴。

在上午剩下的时间里，我便只是对已知的这些情况进行充分的求证：在毒日头把我晒得受不了只好离开挖掘现场之前，我已拥有一打形状相同、大小几乎一样的梨形粪球。有许多次我都发现有圣甲虫妈妈在洞穴深处的车间里。

最后，先提一下后来我所了解到的情况。在六月末到九月份的整个大热天里，我几乎每天都到圣甲虫经常出没的地方去探查，我用小铲子挖开一个个洞穴，获得了一些超乎我所能期盼得到的资料。我从笼子里的饲养中又获得了另一些资料，这些资料真的也很宝贵，但与在田野里的自由空间中所获得的资料却无法相比拟。不管怎么说，我挖掘过少说也不下一百来个洞穴，而且始终都次次见到那种梨形粪球，却从来没有，一次都没有见到过圆圆的粪球，一次也没见到过书本上告诉我们的那种浑圆形状的粪球。

圣甲虫的地下窝巢在地面上一看便知，因为洞外有一堆浮土，似一个鼹鼠丘，是圣甲虫妈妈把洞中挖出的土推到洞外堆积而成的，以便留出一个洞来。这个鼹鼠丘下开着一个大约一分米的不太深的洞，有一条或直或曲的水平通道从洞底通到可能有拳头般大小的宽敞大厅。这就是地下室，虫卵被食物包裹着，在离地面几寸的地下，由酷热的太阳烘烤慢慢孵化；这也是圣甲虫妈妈的宽敞的车间，它可以在里面灵活自如地把未来的宝宝的面包揉制、加工成为梨形。

这个粪球面包躺倒时长轴线是水平方向的。其形状以及大小让人想到圣让节时期的小梨子，色泽鲜艳，香气扑鼻，提前成熟，让孩子们爱不释手。梨形粪球的大小基本都差不太多。最大个儿的长四十五毫米，宽三十五毫米；最小个儿的长三十五毫米，宽二十八毫米。

梨形粪球的表面虽不像仿大理石那么光滑，却非常规则匀称，经很小的红土颗粒仔细打磨过。它原是十分松软的，宛如可塑性黏土，因为是刚做好的，但很快便因风干的缘故外层结起一层硬皮，用手指捏都捏不碎，比木头都硬。这层硬皮是一个保护层，使得隐于其中者避免与外界接触，可以极其安静地消受自己的食物。但是，如果连中间也都风干了，那就非常危险了。

圣甲虫面包铺加工的是什么样的面包呢？马、牛、骡是它的供货者吗？绝对不是。如果那种沾满草梗的粗糙面包只是为了自己吃的话，那没有什么问题，但如果是给它们的小宝宝们准备的，那就不行了。它必须去进行精加工，使之营养丰富且易于消化。它需要的是绵羊留下的美味，而不是干瘪的牛拉下的一地黑橄榄；绵羊留下的美味是在其不太干的肠子中逐渐形成、加工制作的单层硬饼干。这才是圣甲虫所要的材料、专门用于加工的面团。那不是马的那种无脂肪的粗纤维材料，而是腻滑而有黏性的均匀的物质，饱含着富于营养的汁液。这种材料因其黏性和腻滑而极为适于加工成为梨形艺术品，而且它又柔软可口，很符合新生儿的嫩弱的胃。在这么一个小小的梨形体中，幼虫将可以获得充足的营养。

这就是梨形食品为何如此之小的原因所在。我一直都没能从这么小的梨形粪球中看出那是圣甲虫幼虫的食粮，因为圣甲虫既贪馋且个头儿也挺大。

在这个形状独特新颖的大面包团里，虫卵在什么地方啊？我一直以为它在那圆圆的梨肚子的中心。在我用小刀一层一层地往梨肚子中心剥去，深信在中心点会找到虫卵时，却大出我意料，那儿根本就没有虫卵。梨肚子中心非但不是空的，而且是实实的，那儿也是一堆质地均匀的食物。

它的卵到底下到哪儿去了呢？下到梨形粪球最细薄的部分，在最顶端的梨颈那儿。那儿挖有一洞，四壁光洁锃亮。这就是胚胎所在的圣龛（kān），这就是孵化室。虫卵呈长椭圆形，白乎乎的，长约十毫米，宽有五毫米多。它同四壁之间有一层薄薄的间隔，与四壁都不紧贴，只是梨颈顶端的壁后，虫卵的头顶黏在上面而已。梨形粪球通常是水平躺放着的，除了头顶黏着的那一点儿以外，幼虫实际上是悬浮在空中，睡在这张最有弹性最热乎的空气床上。

这是因为圣甲虫处于幼虫状态时有一个巨大的危险在威胁着它：食物会变干燥。幼虫生活其间的地下洞穴的天花板是一层约一分米厚的土层。这极薄的一层土又如何能挡得住能把土烤焦的大热天的酷热呢？

食物至少得存放三四个星期，所以很有可能在卵孵化之前变干，甚至变得无法为幼虫食用。当幼虫那嫩牙咬不着原本是松软的面包而咬着硬得如石头般的硬皮时，可怜的幼虫将会饿死，而且确实有因饥饿而死亡的。

圣甲虫有两种方法避免食物干燥。首先，它用它那宽臂的铠甲使劲儿地压紧压实梨形粪球的外层，弄成一层比中心更均匀更密实的保护性外皮。如果我把一个用这种方法制作的食品罐头捏碎，那层外皮通常会一下子脱落，露出中心的内核来。圣甲虫妈妈在按压时只涉及几毫米的表层，所以便出现了一个外壳。它并没往深处按压，这样中间的那个大内核也就分出来了。夏季最炎热的时候，为了让食物保鲜，圣甲虫妈妈通过按压，制成外壳，以保护里面的孩子们的食粮。

为了减少水分的丧失，就必须让食物的面积尽量地小；但又必须让这个最小的面积包含最大数量的营养物质，以便让幼虫吃饱吃好。什么样的形状才能达到面积最小而体积又能满足要求呢？按几何学的回答，那就是球形。

圣甲虫因此便把幼虫的食粮加工成为球形，而梨颈暂时地忽略一边；这种球形并非强加给圣甲虫一个必需的外形而盲目地在机械条件下造成的结果，也不是在地上滚动而突然获得的成果。我们已经看见了，为了更方便更快捷地把搜集到的食物弄到别处去食用，圣甲虫把食物加工成球形，但又没有挪动它的位置。总之，我们已经承认这个球形在滚动之前就做成了。

同样，我们马上也可以确定，为幼虫准备的梨形则是在洞底深处制作而成的。它没有滚动过，它甚至都没有挪过窝儿。圣甲虫完全按照所需要的外形对它进行了加工。

圣甲虫利用自己配备的工具也能制作出曲形不如梨形柔和的其他一些形状来。但是圣甲虫专门选择制作梨形粪球，而这种形状要做得精确是十分不容易的。它制作这种繁难的梨形粪球，就像是它深知蒸发的规律以及几何学的规律似的。

至于梨颈，它的功能、作用究竟是什么？答案显然是：有很大的作用。孵化室就在梨颈部位，卵就在其中。而所有的胚胎，无论是植物的还是动物的，都需要空气这个生命的原动力。为了让激发生机的空气这种助燃剂渗透进去，鸟的蛋壳上满是气孔。圣甲虫的梨形粪球就类似于鸡蛋。

为了避免过快地干燥，梨形粪球的外壳被压实成一层很硬的外皮；它的营养核，也就是蛋黄、卵黄，是藏于外皮内的松软的球；它的透气室就是顶端的那个小屋，亦即梨颈上的那个小窝窝，里面的空气把胚胎团团围住。为了呼气吸气，有哪儿能比孵化室更好的？那儿位于尖角上，沐浴在空气中，气体可以透过薄薄的壁自由地渗进渗出。

圣甲虫的造型术

　　为了自己的杰作，圣甲虫这个雕塑家与真正的雕塑家们一样，关起门来潜心制作。它藏在自己的洞穴中，专心一意地加工被它运入洞中的粪料。在对待粪料的方法上有两种情况。一种是在粪堆里按照我们已知的那种办法选取优质食料，就地揉制成小球，搓成圆形后再滚动它。如果只是为解决自己的口粮问题，它肯定就不这么做了。如果它认为粪球体积过大，又不适宜就地挖洞，它便滚动着这个大家伙上路；它毫无目的地走着，直到找到一个合适的地点为止。路途中，粪球不会越滚越圆，但表面那一层会稍稍变硬，沾上一些泥土和细沙粒。

　　还有一种情况是，在它从中选取粪料的粪堆附近就很适合挖洞。那地方没什么石头，很容易挖洞。这样就无须长途跋涉，也就用不着滚动粪球了。羊的松软粪球蛋糕被搜集起来，原样储存，放进车间，需要时再切成小块加工。

　　这种情况通常并不多见，因为地面粗糙，石头太多。轻易就可以挖洞的地点零零星星，圣甲虫不得不身负重荷四处寻觅。不过，我的笼子里铺的一层土是过过筛子的，挖洞就极其容易，每一处都可以挖洞造巢。因此，圣甲虫妈妈为产卵而劳作时，只要把附近的粪块弄到地下去就行了，用不着先把粪块弄成个

什么固定的形状。

这种无须事先揉成粪球再运输储存的方法无论是在野地里还是在我的笼子中，其最后的结果都非常令人惊讶。头一天，我看见一块没有形状的粪料消失在地下，第二天或第三天，我查看了它的车间，发现艺术家正面对自己的杰作哩。当初的不成形的粪块，被一块块抱进洞中的碎块，已经变成了形状完美、无可挑剔的梨形粪球了。

这件艺术品身上有着其艺术家的印记，立于洞底地上的那一部分沾着少许的泥土，其余部分都很光滑明亮。在圣甲虫制作梨形粪球时，由于粪球自身的重量，由于圣甲虫的轻轻拍打，仍很松软的梨形粪球接触地面的那一面就沾上了点儿泥土，而其他的大部分面积则保持了圣甲虫精心加工所给予它的精细完美。

梨形粪球不是旋转制作而成的；它不是圣甲虫在宽敞车间的地上经过滚动获得的，如果是那样的话，它就应该全身到处都沾上了泥土才对。另外，它那凸起的颈部也排除了这种制作方法的可能性。它甚至都没有从一头翻转到另一头——它的朝上一面一点儿泥土都没有沾，这就是有力的证据。圣甲虫没有移动也没有翻转，就在它所在的地方原地对梨形粪球进行了加工制作。它用它那宽臂轻轻地拍打梨形粪球，正如我们在露天地里看见它制作时的那样。

现在我们回过头来说说田野里的通常情况。这时候，粪球是从远处运来拖进洞穴里去的，整个表面全都沾满了泥土。圣甲虫将如何处理这只粪球？粪球上已经显现出未来梨形粪球的肚子来了。我如果只想求得答案而不考虑曾经使用过的方法的话，这答案是很容易得到的：只要在洞中连同其小粪球一起抓住圣甲虫妈妈，把它和小粪球全都弄到我的实验室里，进行仔细观察，研究进展情况就可以了，而这种事我干过许多次。

我用一只短颈大口瓶装满筛过的湿润的土，并把土夯实到需要的程度。然后，我把圣甲虫妈妈及其紧搂住的宝贝粪球放在我制造的土层表面，把大口瓶放在半明半暗的地方之后，等待着。我的耐心并未受到太久的考验，圣甲虫因卵巢的活计所迫，便重新开始了被我打断了的工作。

在某些情况中，我看见圣甲虫一直待在地面上，把粪球打碎敲破，弄得粪渣满地皆是。它那是明智的合乎卫生的举动。对在一些疯狂的争抢者中间匆忙弄到的粪球进行仔细的检查往往是必要的，因为在强盗们中间，就在收获地点进行翻检并不总是很合适的。粪球有可能裹进一些小蜣螂、蜉（fú）金龟什么的，因为忙着拼抢而顾不上仔细挑拣。

这些无意中闯入其间的入侵者非常自在地待在粪球里，将来会与合法的消费者争食未来的梨形粪球。必须把这帮馋虫从粪球中清除出去。因此，圣甲虫妈妈便把粪球打碎，变成碎屑，仔细搜查。然后，再重新把粪渣聚拢，粪球又做好了，这时表面已无泥土了。于是圣甲虫把它拖入地下，把它加工制作成为除支撑的那一面而外无泥土的梨形粪球。

但更常见的是，粪球被圣甲虫妈妈原样埋入地下，如同我从洞中把它挖出来时那样，外层很粗糙，这是因为圣甲虫妈妈把它从收集点一路滚动，直至理想的加工点所造成的。在这种情况下，我在大口瓶底看见的是已成为梨形的粪球，外壳很粗糙，表面嵌满了沿途沾上的泥土和沙子，足见梨形粪球并不要求从里到外进行全面的加工改造，而是通过简单的按压，拉出梨颈就成了。

亲眼观看梨形粪球的加工制作并非易事：那个在黑暗中干活儿的艺术家稍被光线照到，就坚决罢工停手。它需要漆黑一片才能进行雕塑；我则必须有光亮才能看到它。这两个条件不可能同时得到满足。不过，我们不妨试一试，断断续续地抓住那不能完全展露的真情实况。我采用了下面这个办法。

我还是用了先前的那只短颈大口瓶。我在瓶底铺了一层几指厚的土。为了弄一个我所必需的四壁透明的车间，我在土层上支起一个三脚架，有一分米高，我在其上放置一个与大口瓶瓶口直径相同的枞木盖板。这样装置好的玻璃壁板房就是圣甲虫干活儿的宽敞的地下室。枞木板边缘被切开一个小口，刚够圣甲虫及其粪球通过的。最后，在枞木盖板上堆上一层尽可能厚的土。

在堆土时，盖板上的土有一部分会滑落，从所开缺口处漏到房间里去，形成一个宽宽的斜坡。这是我计划好的。当圣甲虫发现连接口之后便借助这一斜坡，下到我为之准备好的透明屋中去。当然，这个透明屋必须全黑之后它才会去的。因此，我便用硬纸板做了一个上面封住口的套，把短颈大口瓶给罩上。这样一来，那间房间就全黑了，符合了圣甲虫的要求。我只要猛地拿起套来，我所要的光亮也就有了。

万事俱备，我便开始寻找带着自己的粪球宝宝刚退隐进天然洞穴中的圣甲虫妈妈。正如我所希望的，一个上午就全安排妥当了。我把那位圣甲虫妈妈及其粪球宝宝放在上层土的表面上，并在大口瓶上罩上了纸套，然后便耐心地等待着。只要卵没安置好，圣甲虫妈妈便会执着地完成自己的工作，它将会为自己挖一个新的洞穴，并随时一点儿一点儿地把粪球往洞坑中拖；它将会穿过上面的那层不太厚的土；它将碰到枞木盖板的阻碍，这是与它多次在露天地里挖洞时遇到的阻挡去路的碎石一样的障碍；它将会探寻受阻的原因，并发现那个缺口，于是它便从这个小门下到下面的小屋，小屋对它来说很宽敞，可以自由爬动，如同我刚才让它搬家前它所住的地下室一样。我就是这么推断的。但这一切都将需要时间去验证，而我觉得最好是一直等到第二天，以满足自己那急不可耐的好奇心。

到时候了，去看看去。头一天我把实验室的门敞开着，因为门锁的一点点响动就会惊动我的那个疑心很重的劳作者，它会马上停下手中的活儿。为了减小动静，我进实验室前换上了一双软底拖鞋。我猛地一下掀去纸套。太好了！我的推断一点儿没错。

圣甲虫正待在玻璃车间里，我看见它正在忙活着，宽爪正放在梨形粪球的雏形上。但是，这突然的一亮，把它惊住了，一动不动，仿佛僵住了似的。这种情况延续了几秒钟的工夫。然后，它转过身去，笨拙地往回爬上斜坡，想进到地道的黑暗的高处。我看了一眼它干的活儿，记下了其作品的形状、姿态、方位，然后又把纸套给套上，让里面全黑下来。如果想再做这种实验，就不能让这种突然袭击持续得太久。

我突然而短暂的窥探向我们透露了这项神秘工程的初步信息。一开始完全呈圆球形的粪球现在出现一个大鼓包，像个不太深的火山口。这件活计让我想起某些史前时期的瓦罐——只是这件活计的比例要小得多——圆肚，边口厚实，颈部有一圈小槽勒着，这个梨形粪球的雏形道出了圣甲虫的制作工艺，这工艺与不懂得陶车技术的第四纪人类的工艺完全一样。

这可塑的粪球一侧被勾勒出一圈，挖出了一圈沟槽，那就是梨形粪球的颈部。这只粪球雏形还被拉伸出来一个又圆又钝的凸起，这凸起部分的中心部位被挤压过，粪料被挤压到周边去了，因而形成一个边缘不规则的火山口。这样，初步的活计就算结束了。

傍晚时分，我又悄无声息地突然再次探访。早上被惊扰的圣甲虫妈妈已经恢复常态，回到了自己的车间。现在又突然一片光明，它又一次受到惊吓，慌忙逃窜，奔到上面去躲藏起来。被我用亮光三番五次地折腾的可怜的圣甲虫妈妈逃到上面躲了起来，却是满怀遗憾，极不甘心的。

它的活计有所进展。火山口变深了；厚实的边口消失了，变得细薄，收拢起来，伸长为梨颈。但是，粪球并没挪动过。它的姿态、方位完全是我先前记下的那样。接地的那一面仍旧在下面，仍在同一个点上；朝上的一面仍旧朝上；已成为梨颈的火山口依然在我的右边。由此可见，我原先的推断是完全正确的：粪球没有滚动；仅仅是挤压，然后揉制加工。

第二天，我进行了第三次探访。昨天还是半开着的袋状梨颈现已闭合了。卵产下了，工程也完工了，只需再进行一番全面磨光、修饰即可。我惊扰它时，圣甲虫妈妈想必正在做这种磨光、修饰工作，因为它是极其注意粪球的几何形完美的。

我大致看清楚了卵的孵化室是怎么建成的：围绕着初始阶段的火山口的凸出物经爪子的按压后变小变薄了，然后伸长成开口处在逐渐缩小的口袋。到这时为止的活计还是可以给出满意的解答的。但是，当我想到圣甲虫的那些僵硬的工具，那让人联想到木偶动作的宽大锯齿状铠甲的生硬笨拙的动作的时候，卵将在其中孵化的那间小屋怎么建得那么漂亮完美，我就解释不清楚了。

用这种挖矿石倒挺合适的粗糙工具，圣甲虫是怎么建成那育婴室、那内部极其光洁的产卵房的？那锯齿极大、如同采石用的锯子的爪子，在从那口袋的狭窄口子伸进去时，是不是变得与刷子一般柔软了？为什么不可能呢？我们早就介绍过这种情况了，而圣甲虫的情况则又是在证明这一点：工具在能工巧匠的手里什么都能干。圣甲虫用自己所配备的随便什么工具都能发挥其专家的才能。圣甲虫就用它刨土的那把大锯齿耙做抹刀和刷子用，把幼虫将要诞生的小屋抹得溜光。

最后，还有一个有关这个孵化室的细节。在梨颈的顶端，有一处总是显得与众不同：有几根纤维竖立在那儿，可梨颈的其他地方全都细心地抹光溜了的。那儿是塞子，圣甲虫妈妈一产完卵便用这个塞子把那狭小的开口塞上；而这个塞子结构松散，说明没有被拍打按压，而其他地方全都仔细拍压过了，一点儿突出的纤维都没有。

为什么在其他地方圣甲虫都用爪子拍压实了而唯独顶端这儿偏偏来个例外呢？因为圣甲虫卵用其后端靠在这个塞子上，如果它受到挤压，被往后推去，这个塞子就会把此压力传导给胚胎，使胚胎有死去的危险。圣甲虫妈妈了解这一危险，便用一个没有拍压过的塞子封住口子，这样孵化室内的空气更加流通，而虫卵也避免受到挤拍所引起的震荡的危害。

西班牙蜣螂

西班牙蜣螂身子矮胖，缩成一团，又圆又厚，行动迟缓，肯定对圣甲虫的体操技能一窍不通。它的爪子极短，稍有一点儿动静，爪子就缩回肚腹下面，与粪球制作工们的长腿简直无法相比。只要看看它那五短身材、笨拙的样子，就很容易猜想得到它是根本不喜欢推着一个大粪球去长途跋涉的。

西班牙蜣螂确实是喜静不喜动。一旦找够了食物，夜间或者日暮黄昏时分，它就在粪堆下挖洞。挖的是个粗糙的洞，能放得下一只大苹果。然后，它三下两下地一扒拉，粪料便成了屋顶，或者至少挡在其门口；体积颇大的食物没有一个准形状地落入洞中，这也正是它贪馋好吃的明证。只要宝贝食物没有吃完，西班牙蜣螂就不再回到地面，一门心思地大快朵颐。直到饭尽粮绝，这种隐居生活才会结束。于是，晚间，它就又开始寻觅、收获、挖洞，另建一个临时居所。

五月里，最迟六月份，产卵期到了。西班牙蜣螂已习惯了用最肮脏的粪料填饱自己的肚子，这下要考虑自己的子女了，这就让它犯难了。

它没有远行，没有运送，没有任何的准备工作，那个软面包就被划拉到洞里去，就在它自己栖身之地。为了自己的孩子们，它在重复做着原先为自己所做的事情。至于地洞，足有一个鼹鼠洞大，是个宽大的洞穴，离地有二十厘米左右深。我发现它比西班牙蜣螂大快朵颐时住的那种临时住宅要宽敞得多，精致得多。

在黄昏那朦胧的光线下，我看见它出现在洞门口。它是从地下深处爬上来搜集食物的。它没花什么工夫就找到了：洞口附近就有很多的食物，是我放的，而且我还精心地常常更换。它天生胆小，一有动静就随时准备缩回去，所以它步子很缓慢，不灵活。它用头盔划拉、翻找，用前爪拖拽，很小的一抱食物就给弄出来了，却被拖散开来，掉成碎末。蜣螂把食物倒退着拖着，消失在地下。不到两分钟的工夫，它又爬到地面上来了。它仍旧小心翼翼地，用展开的触角瓣探查周围，然后才跨出门槛。

粪堆与它之间相隔两三寸。闯到粪堆那儿，对它来说可是一件了不得的大事。它宁愿食物正好位于其洞宅门旁，构成其住宅的屋顶。这样它就用不着出门，免得提心吊胆的。可我却另有打算。为了观察方便起见，我把食物放在门口，但离洞口并不远。慢慢地，胆小的蜣螂心里踏实了，来到露天地里，到了我的面前，但我还是尽可能地不让它发现。它又没完没了地在一趟一趟地搬运食物了，但它搬运的总是一些不成形的碎块、碎屑，就像是用小镊子夹住的那样。

我对它储存食物的方法已经颇有了解，所以任由它自己继续这么干了大半夜。天亮时，地面上什么都没有了，蜣螂也就没再出来。只一夜工夫，足够的宝藏便堆积起来了。我在笼子里翻挖，把我曾看见它存放一部分粮食的那个洞挖开来。

如同在野外的洞中一样，那是个屋顶不平的宽敞大厅，屋顶低矮，但地面几乎是平坦的。在大厅一角，有一个圆洞张开着，像是一个瓶口。那是太平门，通向一条地道，往上直达地面。这个新土上挖成的住宅四壁都精心压紧、压实，我挖掘时虽有震动，却没有坍塌。看得出来，蜣螂为了未来，施展了全身本领，费尽了全部挖掘工的力气，建造了坚固耐用的住宅。如果说那个只是为了在其中填饱肚子的陋室是匆匆挖成的，既无样式又不坚固的话，那么现在的这座房屋则是面积又大建筑又精美的地宫。

我怀疑雌雄蜣螂同心协力地完成了这项大的工程；至少，我经常看到一对蜣螂待在用于产卵的地洞里。这宽敞而豪华的屋子想必曾经是婚礼的典礼厅；婚礼就是在这个大拱顶下举行的，而新郎想必帮着盖了这座大厅，以此来表达自己那不一般的爱情。我还猜想新郎也帮着新娘搜集和存放粮食。在我看来，新郎是那么强壮，也一抱一抱地把粮食运往地宫。两人齐心协力，这份儿细致的活计就干得快了。但是，一旦屋内存粮已满，新郎就悄悄地退去，回返地面，去别处安家立命，让蜣螂妈妈独自去完成母亲的职责。雄蜣螂在这个家里的作用也就完成了。

在这个我们看见有那么多的小粒粮食运进来的地宫中能发现什么呢？我在里面发现的始终都是一个整块的大圆面包，占满了整个屋子，只在四周留下一条狭小的过道，只能容得下蜣螂妈妈来回走动。

这块巨大的蛋糕没有固定的形状。我见到过蛋形的，大小如火鸡的蛋；我也见到过扁平椭圆形的，状如一个普通的洋葱头；我还见到过几乎浑圆形的，如同荷兰奶酪一般；我也曾见到过朝上的一面圆圆的，微微鼓起，就像是普罗旺斯的乡村面包，或者更像是复活节时食用的蒙古包状的烤饼。不管是什么形状的，表面都很光滑，曲线也很均匀。

蜣螂妈妈把先后搬运进洞的无数散碎食物聚集起来，揉成一整块；然后，它把这一整块食物搅拌、混合、压实成为颗粒均匀的食物。我多次看到这位女面包师站在那个大面包上；与之相比，圣甲虫做的那个小粪球简直是小巫见大巫了。在这个有时有一厘米宽的粪球凸面上，西班牙蜣螂走动着，踱着步；它轻轻地拍打这个大面包，让它变得瓷实、均匀。我只能偷偷地瞥上一眼这个滑稽场景，因为一看见有人，女面包师便顺着弯曲的斜坡滑下来，藏于面包下面。

在笼子里有了几个雌蜣螂做成的大面包之后，我便把蜣螂妈妈与这几个大面包一起搬出来，放到我的实验室里去。容器分两种，按我的愿望让它们或明或暗。如果我希望容器里面光亮，我就用大口玻璃瓶，直径差不多与蜣螂洞一般大小，也就是十二厘米左右。每只瓶子底部铺了一层薄薄的新沙子，薄得蜣螂无法钻进去，却足以让它不致在玻璃地上滑来滑去，而且还让它以为是与我刚让它搬离的地方一样的沙地。我把蜣螂妈妈及其大面包就放在这层沙子上。

无须指出，即使在光线极其微弱的状况下，蜣螂也因惊吓而不会做什么的。它需要完全无光亮，于是我便用一个硬纸板盒把大口瓶给罩起来了。我只要小心翼翼地稍稍掀起一点儿这个硬纸板盒，就可以在我认为合适的时间随时借着室内的弱光，偷窥女囚正在干什么，甚至能观察上好一段时间。

如果要全不透光的，我就用花盆，里面堆上新沙子。花盆下面弄成一个窝，用硬纸板搭个屋顶，挡住上面的沙子，蜣螂妈妈和它的大面包就放在窝里。或者干脆我就把它和它的大面包放在沙子上面。它会自己挖洞做窝，把面包藏进去，如同平常一样。无论采用哪种方法，都得用一块玻璃片盖住，免得让俘虏逃逸。

这些用不透亮的纸盒罩住的大口瓶告诉我们这个大面包尽

管形状多变，但它始终是规则的，它的曲线并非是因为滚动导致的。我们在检查天然洞穴时已经很清楚，这么大的一个圆球几乎占满了整个屋子，所以是无法滚动的。再者，蜣螂也没有这么大的力气去推动这么大的一个粪球。

当面包师把面团和好搅匀之后，它就把面团拢成一堆，放到和面槽的一个角落里。在体积大的块团内，面包发酵的温度调节得更好。蜣螂深谙面包制作的这一诀窍。它把搜集到的食物堆在一起，精心揉制，做成粗坯，然后再让它有时间去进行内部发酵，让粪团味道变美，并让其有一定的硬度，以利日后的加工。只要这道化学程序没有完成，女面包师及其小伙计就会等待。对蜣螂来说，这个等待的时间很长，至少得一个星期。

发酵成功了。小伙计把大面团分成小面团。女面包师也在这么干。它用头盔上的大刀和前爪上的锯齿切开一个圆槽口，并切下一小块体积规则的面团来。这切割动作干净利落，一刀成形，无须再修修补补，完全符合要求。

现在就要加工这个小面团了。于是，蜣螂便用它那似乎并不适于这种工作的短小的爪子尽量地抱住小面团，使用其唯一可以使用的挤压方法加以挤压。它非常认真执着地在尚未定型的粪球上移动着，上上下下，左转右绕，有板有眼地这儿多压几下那儿少压几下，然后又始终耐心地细致地加以修饰。如此这般地干了二十四小时之后，凹凸不平的粪团就变成了有如梨子般大小的完美的球形面包了。在它那拥挤狭小的车间的一角，矮胖的艺术家几乎待在原地不能动弹地完成了自己的杰作，而且一次也没挪动过那个面团。经过耐心细致的长时间工作之后，它终于制作成了那个十分浑圆的球形，而这是它那笨拙的工具以及狭小的空间让人觉得根本不可能完成的事。

它还得花较长的时间去仔细完善、抹光那个球形，用爪子

温情地翻来覆去地抹，直到把一点点突兀都给抹掉为止。看上去它那细心的涂抹永无止境似的。但是，将近第二天的傍晚时分，它认为这个圆球已经合适了。蜣螂妈妈爬上其建筑物的圆顶，一直在压挤，在上面压出一个不怎么深的火山口来。它把卵产在这个小盆里了。

然后，它用极其粗糙的工具，以极大的谨慎与惊人的细致，把火山口边缘聚拢，做成一个拱顶，盖在卵的上方。蜣螂妈妈慢慢地转动，把粪料一点点地耙拢，推向高处，把顶封上。这是各个工序中最棘手的活儿。稍稍压重一些，扒拉得不到位，都可能危及薄薄的天花板下的虫卵。封顶的工作不时地要停一停。蜣螂妈妈低着头，一动不动，似乎在屏息聆听，看看洞内有何异常。

看来安然无恙，于是，耐心的女工又开始干起来：从两侧一点点往屋顶耙粪料，屋顶逐渐变尖，变长。一个顶端很小的蛋形就这样代替了球形。在多少有点儿凹凸的蛋形下面就是虫卵的孵化室。这项细致的活计还得花上二十四小时。加工粪球，在粪球上挖出个小盆，在盆内产卵，把圆盆封顶盖住虫卵，这些工序加在一起需要四十八小时，有时还要更长一些。

蜣螂妈妈又回到了那个切去一块的大面包旁。它又切下了一小块，用同样的操作法把它变成一个蛋形粪球，在又一个小盆中产下卵。余下的粪球面包还可以做第三个，甚至还常常可以做第四个蛋形粪球。蜣螂妈妈在洞穴只堆积了唯一的一个粪料堆，据我所见，顶多也就够做四个蛋形粪球的。

卵产下后，蜣螂妈妈便待在自己那小窝里，里面差不多满满当当地挤放着三四只摇篮，一个一个紧挨在一起，尖的一头冲上。它现在要干什么呢？想必是要出去转转，这么久没有进食，得恢复一下体力了吧？谁要是这么想那就大错特错了。它仍旧待在窝里，自从它下到洞中，它什么都没有吃过，绝对没有去碰那个大面包；大面包已经分成几等份，将是它的子女们的食粮。在疼爱子女方面，西班牙蟋螂克制自己的精神确实非常感人，宁可自己挨饿也绝不让子女缺少吃喝。

它这么忍受饥饿还有第二个原因：守护在摇篮边上。自六月底开始，地洞就难以弄成了，因为雷雨大风以及行人的踩踏，洞都消失了。我所看到的几个洞穴里，蟋螂妈妈总是在一堆粪球边上打盹儿；每个粪球里都有一条已发育完全的胖嘟嘟的幼虫在大吃大喝着。

我的那些装满新沙子的花盆做的不透亮的容器里的情况证实了我从田野上所看到的情况。蟋螂妈妈们于五月上旬被连同食物埋进沙里，它们就没有再在玻璃罩下的地面上露过面。产完卵后，它们便在洞中隐居了；它们同它们的那些粪球一起度过闷热的伏天，毫无疑问，它们是在守护着那些摇篮，我把大口玻璃瓶盖子揭开看到的就是这种情况。

米诺多蒂菲

　　人们称一种体形较大、与地下打洞的昆虫血缘极其相近的黑色鞘翅目昆虫为米诺多蒂菲。它是一种平和无害的昆虫，但它的角十分厉害。在我们的那些披着甲胄的昆虫中，谁都没有它的武器那么咄咄逼人。雄性米诺多蒂菲胸前有三根一束的平行前伸的锋利长矛。

　　米诺多蒂菲喜爱露天沙土地，因为羊群去牧场必经那里，一路上总要不停地拉下羊粪蛋的。那是它日常的美食。如果没有羊粪蛋，它也能退而求其次，找点儿很容易搜集的兔子的细小粪便来凑合。一般来说，兔子总是躲到百里香丛中去拉屎撒尿，因为它十分胆小，怕暴露目标，受到袭击。

　　大约在三月份的头几天，就可以碰见米诺多蒂菲夫妇齐心协力，潜心修窝筑巢。此前一直分居于各自的浅洞穴中的雌雄米诺多蒂菲，现在开始要共同生活较长的一段时间。

　　夫妻双方在那么多的同类中间还能相互认出对方来吗？它俩之间存在着海誓山盟吗？如果说婚姻破裂的机会十分罕见的话，那么对于雌性来说甚至这种破裂的机会根本就不存在，因为做母亲的很久以来就不再离开其住处了，相反，对做父亲的来说，婚姻破裂的机会却很多，因为其职责所在，必须经常外出。如同我们马上就会看到的那样，雄性一辈子都得为储备粮食奔忙，是天生的垃圾搬运工。它独自一人白天按时把妻子洞中挖出来的土运走；夜晚它又独自在自家宅子周围搜寻，寻找为自己的孩子们做大面包的小粪球。

有时候，各家住宅比邻而建。搜集粮食的丈夫归来时会不会摸错了门，闯进他人家中去呢？在它外出寻食时，会不会在路上碰见一位待在闺中的散步女子，于是便忘了与前妻的恩爱，准备离婚呢？这个问题值得研究。我已尽力在用下面这个方法解决这一问题了。

有两对夫妇正在挖土建巢时被我挖了出来。我用针尖在它们鞘翅下部边缘做了无法抹去的记号，所以我能把它们区分开来。我随手把这四位分别放在一块有两拃深的沙土场地上。这样的土质它们一夜工夫就能挖出一口井来。在它们急需粮食的情况下，我就给它们弄一把羊粪放进去。我用一只瓦钵（bō）翻扣在场地上，既可防止它们逃逸又可遮阳，让它们安安静静地去沉思默想。

第二天，非常满意的答案出来了。场地上只有两个洞穴，两对夫妇如原先一样重新相聚在一起，都各自找到了自己的结发妻子。次日，我又做了第二次实验，然后又做了第三次实验，结果都一样：用针尖做了记号的一对在一个洞中，没做记号的另一对则在通道尽头的另一个洞穴里。

我又重复做了五次实验，它们每天都得重新开始组建家庭。现在，事情变糟了，有时，接受试验的四只中每只各居一屋，有时在同一个洞穴中住着两只雄性，或者两只雌性，有时一个雌性接待另一雌性或雄性，但组合方式与一开始完全不同。我过分地重复实验了，这以后就乱套了。我每天这么折腾都把这些挖掘工弄烦了。一个摇摇欲坠的宅子老是在重建，终于把合法夫妻给拆散了。既然房屋每天倒塌，正常的夫妻生活也就过不下去了。

不过这并无多大关系，反正一开始的那三次实验已足以证明，尽管那两对夫妇一次一次地受到惊吓，但似乎并没有破坏它们夫妇关系那微妙的纽带，夫妇关系仍有着一定的抗拒力。夫妇双方在我精心制造的一系列混乱之中仍旧能够认出对方来。它们相互间信守着山盟海誓，这在朝三暮四的昆虫界确实是一种难能可贵的高尚品质。

这对夫妻在家中是怎么分工的呢？要想知道这一点那可不是容易的事，不是用小刀尖挑出来看看就行了的事。谁要是想参观在洞中挖掘的这种昆虫的话，就得动用镐头，那可是很累的活儿。这种昆虫的宅子可不像圣甲虫、蜣螂和其他一些昆虫的屋子，用小铲子轻轻一铲，毫不费力地就挖开了；米诺多蒂菲住在一口深井中，只有用一把结实的铁铲，连续挖上好几个小时才能挖到底。

家中所有的人，包括孩子们的妈妈，都非常积极，平常总帮我一把。坑越挖越深，必须隔着老远仔细观察铲子挖上来的那些东西，查找点滴资料，这时候人多眼睛就亮。一个人没看见的，另一个人就会瞅见。双目失明的于贝尔依靠一个目光敏锐的忠实仆人对蜜蜂进行研究。我比这位伟大的瑞士博物学家条件可强得多了。我的眼睛虽然已经老视，但视力还是挺好的，何况我的家人的眼睛都很好，他们都在帮助我。

一大清早，我们就到了现场。我们找到了一个洞穴，还有一个挺大的土堆，土堆呈圆柱形，是一下子推上来的一整块土。挪开土块，便现出一口很深很深的井。我用途中捡拾的一根很长很直溜儿的灯芯草秆儿试探着往井下伸去，越伸越深。最后，在一米半左右的深处，那根灯芯草秆儿就不再往下去了。我们探到了，我们探到米诺多蒂菲的卧房了。

我们用小铲子小心翼翼地剥落卧房外面的土，于是便看到了屋里的主人，先挖出来的是雄性米诺多蒂菲，再稍许往下挖一点儿就挖到了雌性米诺多蒂菲了。夫妻俩被取出来之后，露出一个颜色很深的圆点：那是粮食柱的末端。现在小心又小心，轻轻地挖。我们沿着洞底边缘把中间的那块土与其周围的土切割开来，然后用小铲子兜底儿把那块土整个儿地铲起来，既要小心谨慎又得干净利落。铲起来了！我们弄到了米诺多蒂菲夫妇及其卧房了。我们挖了一个上午，累得精疲力竭，总算弄到了这笔财富。保尔背上直冒热气，可见他花了多大的力气。

一米半这个深度不是也不可能是一成不变的，许多因素都会使深度改变，比如昆虫钻过的地方的湿度和土质如何啦，根据或多或少地接近产卵期，昆虫干活儿的热情的大小和时间是否充裕啦。我看见过有一些洞穴还要稍许深一些；我也见到过另有一些洞穴还没达到一米深。不管是什么情况，为了生儿育女，米诺多蒂菲都必须有一个很深很深的住所，而据我所知，没有任何一种昆虫挖掘工挖过这么深的。我们马上就会寻思是什么样的迫切需要在逼使羊粪蛋的搜集者居住在那么深的地方的。

在离开现场之前，我们先记下一个事实，确证这一事实以后会很有价值的。雌性米诺多蒂菲是住在洞穴底部的，而其丈夫则待在其上方不远处，它俩都被吓得一动也不敢动，现在尚无法确知它俩在干什么。

这一细节在我翻挖的各个洞穴中都一再地被发现，它似乎说明这对伙伴各自有一个固定的位置。

更擅长养儿育女的米诺多蒂菲妈妈住在下层。它独自在挖掘，因为它精通垂直挖掘的技术，这种挖法事半功倍，可以挖得很深。它是个能工巧匠，始终不停地对着坑道工作面挖掘着。

它的丈夫只是一名小工，待在它的身后，用它的角背篓随时清理浮土。这之后，能工巧匠变成了女面包师，把为孩子们准备的糕点揉制成圆柱形；而米诺多蒂菲爸爸则为它打下手，为妈妈从外面运进来面食原料。如同在所有的和睦家庭中一样，女主内男主外。这可能就是为什么在管形宅子中它俩所居的住处始终不变的缘故。将来我们将会知晓这种猜测是否与事实相符。

现在，让我们在家里从容地、舒服地观察我们好不容易挖掘出来的洞穴中间的那整块土。这块土中有一个呈香肠状的食品罐头，长短粗细几乎像拇指一般。里面装着的食品颜色很深，压得很瓷实，分好多层，可以辨别出其中有已压碎了的羊粪蛋。有时候，面包揉得很细，从头到尾全都十分均匀；更多的时候这圆柱形面团像一种牛皮糖，里面有一些疙疙瘩瘩的。根据女面包师的忙闲情况，它所揉制的面包看上去千差万别，有时间就做得讲究，没时间则敷衍了事。

食品罐头紧紧地嵌在洞穴的那个死胡同里，那儿的墙壁比井里其他地方的更光滑、更平整。用小刀尖轻易地就可把它与周围土层剥离开来，就像剥树皮似的。我就这样弄到了不沾一点儿泥土的这个食品罐头。

这项工作已做完，我们现在来了解一下卵的情况，因为这只罐头肯定是为幼虫准备的。由于我从前了解到粪金龟就是把自己的卵产在"血肠"底部食物中间的一个特别的窝窝儿里的，所以我期待着在"香肠"底部的一个密室里找到粪金龟的近亲米诺多蒂菲的卵。我判断错了。我要找的卵并不在我所猜想的地方，也不在"香肠"的上部，反正食品罐头里哪儿都没有。

我又在食品罐头外面寻找，终于找到了。卵就在罐头食品柱下面的沙土里，完全没有妈妈们精心安排的保护。那儿没有一间新生儿细嫩肌肤所要求的墙壁光滑的小房间，而只有一个并非精心建造而是妈妈胡乱扒拉起来的粗糙的废墟堆。幼虫将在这个离食物有一段距离的硬床上孵化。为了吃到食物，幼虫必须扒拉沙土，穿过这个有几毫米厚的沙土天花板。

我既已挖出了那连带着食品罐头的整块土，又有我自制的器具，我就可以观察这段香肠是如何制成的了。

米诺多蒂菲爸爸爬出洞外，选好一个粪球，其长度大于井口直径。它把粪球往井口挪去，要么倒退着用前爪拖拽，要么用头盔轻轻顶着一下一下地往前推。推到井口边时，它是不是猛一使劲儿，一下子把粪球推进洞里去呢？绝对不是，它有自己的计划，不让粪球重重地摔落下去。

它爬进井口，前足搂紧粪球，小心地把一头塞进井内。到了离井底一定距离的地方，它只需把粪球稍微倾斜一点儿，粪球就可以两头顶着井壁，因为其轴心很宽。这样就构成了一块临时的楼板，可以承重两三个粪球。这就是米诺多蒂菲爸爸的加工车间，它可以在此干活儿而又不影响在下面工作着的自己的妻子。这是一座磨坊，制作面包的粗面粉就要在这儿进行加工。

这个磨坊工爸爸装备精良。你瞧它的那支三叉戟。十分坚挺的前胸上戳着一束三根的锋利长矛，两边的两根长，而中间的那根短，三根的矛头全都直指前方。这件兵器有何用途呢？我起先以为只不过是雄性的一件饰物，如同粪金龟族中其他许多族类都佩戴着的一样，只是形状各异而已。可米诺多蒂菲的这个可不是饰物，而是它的一件劳动工具。

那三根矛尖并不整齐，形成了一个凹弧，里面可以装载一个粪球。在那块没铺得太好、摇来晃去的楼板上，米诺多蒂菲爸爸得用四只后爪支撑着井壁才能保持平衡。那它将如何把那个滑动的粪球固定住，并把它压碎呢？我们来看看它是怎么干的吧。

它稍稍弯下身子，把三叉戟插入粪球，这样一来粪球便卡在新月形的工具中固定不动了。米诺多蒂菲爸爸的前爪是空着的，因此它便可以用其前臂上的锯齿状臂铠去锯粪球，把它切成一小块一小块的，从楼板缝隙处掉下去，落在米诺多蒂菲妈妈的身旁。

从磨坊工那儿掉下去的是粗粉，没有过过筛子，里面还掺杂着没太磨细的碎块。尽管这面粉磨得不细，但仍给正在精心制作面包的女面包师帮了大忙，使它得以简化工序，一下子就可以把好粉、次粉分离开来。当楼上的粪球，包括楼板全被磨碎之后，有角的磨坊工匠便回到了地面，寻找新的粪料，然后再从容不迫地重新开始研磨。

作坊中的女面包师也没有闲着。它把自己身旁纷纷散落的面粉捡拾起来，进一步碾细，进行精加工，再进行分类，软一些的用作面包心，硬一些的用作面包皮。它转过来绕过去的，用自己那扁平的胳膊轻轻地拍打着原料；然后，它把原料一层层地摊开，再用脚踩瓷实，宛如葡萄酒酿制工在榨葡萄汁一般。踩瓷实之后的大面饼便于储存。经过将近十天的共同努力，夫妇二人终于制作成功了长圆柱形的大面包。丈夫供应面粉，妻子揉制加工。

现在应该概括一下米诺多蒂菲的种种品德了。当严冬过去之后，雄性米诺多蒂菲便开始寻觅配偶，找到之后便与之安居地下，从此，它便对自己的妻子忠贞不渝，尽管它要经常外出，而且也会碰上可能让它移情别恋的女性，但它始终不忘发妻。它以一种没有什么可以使之减退的热情帮助自己的那位在孩子们独立之前绝不出门的挖掘女工。整整一个多月，它用它那叉口背篓把挖出的土运往洞外，始终任劳任怨，永不被那艰难的攀登所吓倒。它把轻松的耙土工作留给妻子做，自己则干着最重最累的活儿，把土从一条狭窄、高深、垂直的坑道往上推出洞外。

随后，这位运土小工又变成了粮食寻觅者，到处去搜集粮食，为孩子们准备吃的东西。为了减轻妻子剥皮、分拣、装料的工作，它又当上了磨面工。在离洞底一定的距离处，它在研碎被太阳晒干晒硬了的粮食，加工成粗粉、细粉；面粉不停地纷纷散落在女面包师的面包房内。最后，它精疲力竭地离开了家，在洞外露天地里凄然地死去。它英勇不屈地尽了自己作为父亲的职责；它为了自己的家人过得幸福而作出了无私的奉献。

而米诺多蒂菲妈妈也一心扑在这个家上，从未出过大门。它把一个个面团揉成圆柱形，把一只只卵分别产于一个个面团里，从此便守护着自己这些宝贝，直到孩子们长大、能独立离去为止。当金风送爽时节到来时，模范妈妈终于又回到地面上来，孩子们簇拥着它。孩子们自由自在地四散而去，到羊群常去吃草的地方去捡拾粪球，大快朵颐。这时候，一心为了孩子们的慈母已无事可做，溘然长逝。

是的，在父亲们对自己的孩子那普遍的漠不关心中间，米诺多蒂菲是个例外，它对自己的孩子们倾注了全部的心血。它总是想到自己的家人，从未想到自己。它原可尽享美好的时光，原可与同伴们一起欢宴，原可与女邻居们调情嬉耍，但它并未这样，而是埋头于地下的劳作，拼死拼活地为自己的家人留下一份产业。当它足僵爪硬、奄奄一息时，它可以无愧地自己告慰自己："我尽了做父亲的职责，我为家人尽力了。"

南美潘帕斯草原的食粪虫

异国的昆虫数量繁多，无以数计，它们的习性我们几乎始终一无所知。但是我们可以把我们眼前所见到的情景与别处发生的情况加以比较，看一看同一种昆虫在不同的气候条件下，其本能是如何变化的，这会是非常有好处的。

这时候，无法远行的遗憾重又涌上心头，使我比以往任何时候都更加感到无奈，除非我在《一千零一夜》的那张魔毯上找到一个座位，飞到我想去的地方。啊！神奇的飞毯啊，你要比萨维埃·德·梅斯特尔❶的马车合适得多。但愿我能在你上面有一个角落可坐，怀揣着一张往返机票！

我果然找到了这个角落。这个意想不到的好运是基督教会学校的修士、布宜诺斯艾利斯市萨尔中学的朱迪利安教友带给我的。他虚怀若谷，受其恩泽者理应对他表示的感激会让他很不高兴。我在此只想说，按照我的要求，他的双眼代替了我的眼睛。他寻找，发现，观察，然后把他的笔记以及发现的材料寄来给我。我用通信的方式同他一起寻找，发现，观察。

 ❶ 萨维埃·德·梅斯特尔：一本小说的主人公名，他把一张扶手椅当作马车在自己的房间做了一次旅行。

我成功了，多亏了这么卓绝的合作者，我在那张魔毯上找到了座位。我现在到了阿根廷共和国的潘帕斯大草原，渴望着把塞里昂的食粪虫的本领与其另一个半球的竞争者的本领作一番比较。

我得到了法那斯米隆那漂亮的昆虫，全身黑中透蓝。

雄性法那斯米隆前胸有个凹下的半月形，肩部有锋利的翼端，额上竖着一个可与西班牙螳螂媲美的扁角，角的末端呈三叉形。雌性则以普通的褶皱代替了这漂亮的装饰。雄性与雌性的头罩前部都有一个双头尖，肯定是一个挖掘工具，也是用于切割的解剖刀。这种昆虫短粗、壮实、呈四角形，让人联想到蒙彼利埃❶周围非常罕见的一种昆虫——奥氏宽胸螳螂。

这种粗壮短小的昆虫制作的产品之精美让人拍案叫绝。它所制作的"葫芦"完全符合几何学标准，简直无可挑剔：葫芦颈并不细长，却把优雅与力量结合在一起。它似乎是以印第安人的某种葫芦作为模型制作的，特别是因为它的细颈半开，鼓凸部分刻有漂亮的格子纹饰，那是这种昆虫的跗骨的印迹。它好像是用藤柳条嵌护着的一只铁壶，大小可以达到甚至超过一只鸡蛋。这真是一件极其奇特而稀有的珍品，尤其是这竟然是出自一个外形笨拙、粗短的工人之手。

法那斯米隆对困难嗤（chī）之以鼻。不仅如此，它还对我们的分类学不屑一顾。一说食粪虫，就解释为牛粪的狂热追慕者。可法那斯米隆之重视牛粪既非为自己食用也不是为了自己的孩子们享用。我们常常会看见它待在家禽、狗、猫的尸骨架下，因为它需要尸体的脓血。我所绘出的那只葫芦就是立在一只猫头鹰的尸体下面的。

注释　❶ 蒙彼利埃：法国西南部城市。

这种埋葬虫的胃口与圣甲虫的才能的结合谁愿意怎么看就怎么看吧。我嘛，我不想去解释这种现象，因为昆虫的一些癖好让我困惑不解，它们的这些癖好似乎谁也无法仅仅根据其外貌就能判断得出来。

我知道在我家附近就有一种食粪虫，它也是尸体残余的唯一的享用者。它就是粪金龟，是经常光顾死鼹鼠和死兔子的常客。但是，这种侏儒殡葬工并不因此就鄙视粪便，它像其他的金龟子一样照旧大吃不误。也许它有着双重饮食标准：奶油球形蛋糕是供给成虫的，而略微发臭的腐肉这浓重口味的食料则是喂给幼虫的。

类似情况在别的昆虫的别的口味方面也同样存在。捕食性膜翅目昆虫汲取花冠底部的蜜，但它喂自己的孩子时却用的是野味的肉。同一个胃，先吃野味肉，后汲取糖汁。这种消化用的胃囊在发育过程中必须发生变化吗？！不管怎么说，这种胃同我们人的胃一样，年轻时喜食的东西到了晚年就对此鄙夷厌恶了。

让我们更加深入地观察研究一下法那斯米隆的杰作。我弄到的那些葫芦全都干透了，硬得几乎跟石头一样，颜色也变成浅咖啡色了。我用放大镜仔细观察，里外都没有发现一丁点儿木质碎屑，这种木质碎屑是牧草的一个证明。这么说，这怪异的食粪虫没有利用牛屎饼，也没有利用任何类似的粪料。它是用其他的材料制作自己的产品的。是什么材料呢？一开始挺难弄清楚。

我把葫芦放在耳边摇动，有轻微的响声，就像是一个干果壳里面有一个果仁在自由滚动时发出的声响一样。葫芦是不是有一只因干燥而抽缩了的幼虫啊？我起先一直是这么认为的，但我弄错了。那里面有比这更好的东西，可让我长了见识了。

　　我小心翼翼地用刀尖挑破葫芦。在一个同质的均匀内壁——我的三个标本中最大的一个的内壁竟厚达两厘米——中，嵌着一个圆圆的核，满满当当地充填在内壁孔洞里，却与内壁毫不粘贴，所以可以自由地晃动，因此我摇动时就听见了响声。

　　就颜色与外形而言，内核与外壳并无差异。但是，把内核砸碎，仔细检查碎屑，我就从中发现一些碎骨、绒毛絮、皮肤片、细肉块，它们全都淹没在类似巧克力的土质糊状物中。

　　我把这种糊状物在放大镜下面进行了筛选，去除了尸体的残碎物之后，放在红红的木炭上烤，它立即变得黑黑的了，表层覆盖着一层鼓胀的光亮物，并散发出一股呛人的烟，很容易闻出那是烧焦的动物骨肉的气味。这个核全部浸透了腐尸的脓血。

　　我对外壳进行同样处理后，它也同样变黑了，但黑的程度没有核那么深。它几乎不怎么冒烟。它的外层也没有覆盖一层乌黑发亮的鼓胀物。它一点儿也没含有与内核所含有的那些腐尸的碎片相同的东西。内核与外壳经烧烤之后，其残余物都变成一种细细的红黏土。

　　通过这粗略的观察分析，我们得知法那斯米隆是如何进行烹饪的。供给幼虫的食品是一种酥馅儿饼……肉馅是它头罩上的两把解剖刀和前爪的齿状大刀把尸体上能剔出来的所有东西全都剔出来做成的，有下脚毛、绒毛、捣碎的骨头、细条的肉和皮等。一开始，这种烤野味的作料拌稠的馅呈浸透腐尸肉汁的细黏土冻状，现在变得硬如砖头。最后，酥馅儿饼的糊状外表变成了黏土硬壳。

　　这位糕点师傅对其糕点进行了包装，用圆花饰、流苏、甜瓜筋囊加以美化。法那斯米隆对这种厨艺美学并非外行。它把酥馅儿饼的外壳做成葫芦状，并饰以指纹状的饰纹。

　　这种无法食用的外壳在肉汁中浸泡的时间太短，可想而知，并不受法那斯米隆的青睐。等幼虫的胃变得皮实了，可以消受粗糙的食物时，它会刮点儿内壁上的东西充饥，这一点倒是有可能的。但是，从整体来看，直到幼虫长大能出走之前，这个葫芦一直完好无损。它不仅开始时是保护馅儿饼新鲜的保护神，而且始终都是隐居其间的幼虫的保险箱。

在糊状物的上面，紧挨着葫芦的颈部，修整成一个黏土内壁的小圆屋，这是整个内壁的延伸部分。一块用同样材料的挺厚的地板把它与粮食隔开。这就是孵化室，卵就产在那儿，我在那儿发现了卵，可惜已经干了。幼虫在这个孵化室里孵化出来，事先得打开一扇隔在孵化室和粮食之间的活动门，才能爬到那个可食的粪球处。

幼虫诞生在一个高出那块食物并与之不相通的小保险匣里。新生幼虫必须及时地自己钻开那食品罐头盒盖。后来，当幼虫待在那罐头食品上面时，我的确发现地板上钻了一个刚好能让它钻过去的孔。

这块美味的牛肉片，裹着厚厚的一层陶质覆盖层，致使这份食物根据缓慢孵化的需要，长时间地保持新鲜。怎么达到这一目的的？我仍搞不清楚。卵在其同样是黏土质的小屋里安全无虞地待着，完好无损；到这时为止，一切都尽善尽美。法那斯米隆深谙构筑防御工事的奥秘，深知食物过早地发干的危险。现在剩下的是胚胎呼吸的需求问题了。

为了解决这个呼吸问题，法那斯米隆也是匠心独运、智慧超群的。葫芦颈部沿着轴线打通了一条顶多只能插入一根细麦管的通道。这个闸口在内部开在孵化室顶部最高处，在外部则开在葫芦柄的末端，呈喇叭形半张开着。这就是通风管道，它极其狭窄而且又有灰尘阻而不塞，因此便防止了外来的入侵者。我敢说这是简单但绝妙的杰作。我说得有错吗？如果说这样的一个建筑是偶然的结果的话，那么必须承认盲目的偶然却具有一种非凡的远见卓识。

这种迟钝的昆虫是如何建好这项极其繁难、极其复杂的工程的呢？我在以一个旁观者的目光观察这南美潘帕斯草原的昆虫时，只有上述这个工程结构在指引着我。从这个工程结构可以不出大错地推断出这个建筑工所使用的方法。因此，我就这样进行了对它工作的进行情况的设想。

它先是遇上了一具小昆虫尸体，尸体的渗液使下面的黏土变软。于是，它根据软黏土的大小或多或少地收集起来。收集的多少并没有明确的规定。如果这种软黏土非常之多，收集者就大加消费，粮仓也就更加地牢固。这样一来，制成的葫芦就特别的大，大得超过鸡蛋的体积，还有一个两厘米厚的外壳。但是，这么一大堆的材料远远超出模型工的能力，所以加工得很不好，外观上看去，一眼就看出是一项十分艰苦笨拙的劳动所创造出来的成果。如果软黏土很稀少，它便严格节省着使用，这样它动作也就自然得多，弄出来的葫芦反而匀称齐整。

那黏土可能先是通过前爪的按压和头罩的劳作变成球形，然后挖出一个很宽很厚的盆形。蜣螂和圣甲虫就是如此做的，它们在圆粪球的顶部挖出一个小盆，在对蛋形或梨形最后打磨之前，把卵产在小盆里。

在这第一项劳作中，法那斯米隆只是一个陶瓷工。不管尸体渗液浸润黏土有多么不充分，只要是具有可塑性，任何黏土对它来说都是可以加工运作的。

现在，它变成了肉类加工者了。它用它那带锯齿的大刀从腐尸上切、锯下一些细碎小块来；它又撕又拽，把它认为最适合幼虫口味的部分弄下来。然后，它把这些碎片统统聚集起来，再把它们同脓血最多的黏土搅和在一块儿。这一切搅拌得非常均匀，就地制成了一只圆粪球，无须滚动，如同其他食粪虫制作自己的小粪球一样。补充说一句，这只粪球是按照幼虫的需要量制作的，它的体积几乎始终不变，无论最后那个葫芦有多大。

现在酥馅儿饼做好了。它被放进大张开口的黏土盆里存好。它没挤没压，以后可以自由转动，不会与其外壳有一点儿粘连。这时候，陶瓷制作的活儿又开始了。

法那斯米隆用力挤压黏土盆的厚厚的边缘，为肉食制好模套，最后使肉食的顶端被一层薄薄的内壁包裹住，而其他部分则由一层厚厚的内壁包住。顶端的内壁上，留有一个环形软垫；这儿的内壁的厚度与日后在顶端钻洞进粮仓的幼虫的弱小程度成正比。随后，这个环形软垫也进行压模，变成一个半圆形的窟窿，卵就产在其中。

通过挤压黏土盆的边缘，使之慢慢封口，变成孵化室，制作葫芦的工序就宣告结束。这道工序尤其需要高超的技艺。在做葫芦柄的同时，必须一边紧压粪料，一边沿着轴线留出通道作为通风口。

我觉得建造这个通风闸口极其困难，因为计算稍微有点儿偏差，这个狭窄的口子就会立刻被堵住了。我们最优秀的陶瓷工中最最心灵手巧的工匠如果缺少一根针的帮助也是干不成这件活儿的，它把针先垫在里边，完工之后，就把这根针抽出来。这种昆虫是一种用关节连接着的机械木偶，在它自己都没有想到的情况之下，就挖出了一条穿过大葫芦柄的通道。如果它想到了，也许就挖不成了。

葫芦制作完后，就得对它粉饰加工了。这是一件费时费工的粉饰活儿，要使曲线完美流畅，并在软黏土上留下印记，如同史前的陶瓷工用拇指尖印在其大肚双耳坛上的印记一样。

　　这件活计完工了。它将爬到另一具尸体下面重新开工，因为一个洞穴只有一个葫芦，多了不行，如同圣甲虫制作它的梨形小粪球一样。

粪金龟和公共卫生

    大自然为乡间田野创造了两类清洁工，它们是没有什么能使之厌烦倦怠、疲劳懒散的。第一类是苍蝇、葬尸虫、皮蠹（dù）、食尸虫类、阎虫科，它们专司尸体解剖。它们把尸体分割切碎，在自己的胃里把碎尸烂肉消化之后再还以生命。

    一只鼹鼠被耕作的农具划破肚皮，它的业已发紫的脏腑把田间小径弄污；一条栖息在草地上的游蛇被行人踩死，这个蠢货还以为自己是除了祸害，干了好事；一只尚未长毛的雏鸟从窝里摔下，落在托着其窝的大树下面，可怜巴巴地摔成了肉酱……成千上万的这种残尸碎肉无处不在，如果不及时地加以清理，其臭气将成为很大的公害。但我们也不必害怕：这种尸体一旦在某处出现，小收尸工们便立即赶到。它们随即对尸体进行处理，掏空内脏，吃得只剩下骨头，或者至少要把尸体弄得如同一具干尸。用不了二十四小时，死去的鼹鼠、游蛇、雏鸟等便没了踪影，环境卫生保持住了。

    第二类清洁工也同样是热情饱满的。农村里的厕所用不着洒氨水。农民在需要独自一人待着时，一堵矮墙、一道藩篱、一丛荆棘即可避人耳目。无须赘言，你一定会知道此人在那里干什么。当你被一簇簇长生草、厚厚的苔藓以及其他一些美丽的东西装点的陈砖旧瓦所吸引，走近一堵好似为葡萄培土的矮墙边时，哇呀！在这如此美丽的隐蔽处跟前，那是一大摊什么玩意儿呀！但你第二天再去原地看一看，那摊东西不见了，那块地方变得干净了：食粪虫来过这里。

防止屡屡出现的有碍观瞻的东西被人看到，对于这些勇士们来说，只是它们职责中最微不足道的了；它们肩负的是一项更崇高的使命。科学向我们证实，人类最可怕的种种灾祸都能在微生物中找到根源；微生物与霉菌相近，属于植物界的极边缘的生物。在流行病暴发期间，这些可怕的病原菌在动物的排泄物中大量地迅速繁殖。它们污染着空气和水这两种生命的第一要素；它们散布在我们的衣物、食物上，把疾病传播开来。凡是被这些病原菌污染了的东西统统都要用火烧掉，用消毒剂消灭掉，用土深埋掉。

普罗旺斯农民也像自己祖先中的一支阿拉伯人一样不注意卫生，根本不考虑这方面的险情。幸好，食粪虫在为此而辛勤劳作，消灭、掩埋带菌物质的全都是它。解手的人一走，它便立即挖出一个井坑，把污秽物深埋掉，不再产生危害。

那些垃圾污物肆无忌惮地暴露在太阳地里，而保护我们免受其害的，在我们这一带，最英勇卓绝的卫士就是粪金龟。这并不是因为它们比其他的埋粪工更加勤快，而是因为它们有一副好的身子骨，能干苦活儿、累活儿。再者，当需要稍稍恢复一下体力时，它们则喜欢对我们最恶心的污秽物下手。

我们附近有四种粪金龟在从事这项工作。有两种（突变粪金龟和野生粪金龟）比较罕见，我们也就不专门去观察、研究它们了；相反，另外两种（粪生粪金龟和伪善粪金龟）却十分常见。后两种粪金龟背部墨黑，胸前都穿着华美的衣服。看到专事淘粪的工人竟穿得如此漂亮，我不禁惊讶无语。

粪生粪金龟面部下方像紫水晶般闪亮，而伪善粪金龟的面部下方则闪烁着黄铜的光芒。我笼子里喂养着的就是这两种粪金龟。

我们先来看看它们作为掩埋工都有哪些能耐。笼中一共有十二只，两种粪金龟混在一起。笼子里原先大量放置食物，这一次事先把所剩的吃食全部清除掉了。我想估算一下一只粪金龟一次能掩埋多少东西。日落时分，我把刚在我家门前拉了一摊的骡子的粪便放进笼子里去给那十二个囚徒。那摊粪便不算少，足可装上一篮子的。

第二天早晨，那摊骡粪全都埋于地下了。地上几乎一点儿也没有了，顶多有点儿碎渣渣什么的。我因此可以大致估算出：按每只粪金龟都干了同样的工作量，那它们每人掩埋了大约有一立方分米的粪便。如果我们想到它们那瘦小的身材，又要挖洞又要运物，那真叫人感叹。

它们存粮这么丰富，是不是就守着财富待在地下不出来了？绝不是这样的！现在正是大好时光。黄昏来临，宁静温馨。现在正是精神振奋、心情舒畅的时刻，正是去远处大路上寻物觅宝之时，因为路上正有牛羊群放牧归去。我的住客们离开了地窖，返身回到地上。我听见它们簌簌地在爬栅栏，冒失地撞到壁板上，黄昏时的这番热闹气氛我是预料到的。我白天已经搜集了与头一天一样丰盛的食物，正好拿来喂给它们。到了夜里，这些食物又都不见了踪影。第二天，地面上又干干净净的了。只要夜色美好，只要我总有足够的东西满足这帮贪得无厌的敛财奴，那么这种情况就永远会继续下去的。

尽管其食物异常丰富，粪金龟在日落时分还是会离开已储存的食物，在太阳的余晖中嬉戏，并去寻找新的开发工地。对于它来说，好像已得到的并不算什么，只有将要得到的才有价值。那么，每晚黄昏那美好时刻它所更新的粮食仓库，到底用来干什么呢？很明显，粪金龟一夜之间是无法消费完这么丰盛的食物的。它储存的食物多得已不知如何处理；它只知积攒，却不完全利用；而且，它还总也不满足于自己那装满粮食的仓库，每晚还在拼死拼活地忙着往仓库里运送。

它随处建造粮仓，每天随便遇上哪座仓库便在那里弄些东西吃上一顿，吃不了的就几乎全部剩在那儿。从我笼子里喂养的粪金龟来看，它们那种掩埋工的本能要比作为消费者的食欲来得迫切。笼子里的地面在增高，我则不得不随时把它弄平。如果我把土堆挖开，我就会发现坑井中堆满了粪便，厚厚的，原封未动。原先的泥土已经变成了粪和土的结块，难以分开，如果我要继续观察而不致搞错，就得大加清理才行。

要想把结块中的粪便分离出来，总免不了有误差，不是分出来的多了，就是分出来的少了，与精确的量难以一致，但从我的观察中，有一点是明白无误的：粪金龟是热情似火的掩埋工，它们往地下运送的食物远远超过它们日常之所需。这样的一种掩埋工作是由一大群出力多少不一的合作者的劳动大军完成的，所以很显然，土壤的净化在很大的程度上得以实现，而且有这么一支辅助性的劳动大军在做出贡献，公共卫生的保持也才能有望，这是值得庆幸的。

九十月份，当头几场秋雨浸透土壤，圣甲虫得以打破出生的牢笼时，粪生粪金龟和伪善粪金龟开始建造自家住宅，这住宅建造得很简陋，有辱这些享有挖土工美称的勇士们。如果单纯是挖掘一个避难所以防冬季的严寒的话，粪金龟倒也不负其挖土工之美名：在井的深度、工程之完美和速度方面，没有谁可与之相提并论的。在沙土地和不难挖掘的土地上，我曾发现一些坑洞，洞深竟达一米。还有的能挖得更深，我因为没有耐心，再说工具也不凑手，也就没有去挖挖看究竟深有几许。这就是粪金龟，熟练的挖井工，无人可及的打洞者。如果天寒地冻，它会下到不用担心霜冻的地层。

但是，建造子孙住宅就是另一码事了。美好季节转瞬即逝，如果要给每只卵配备一个这样的地堡，那时间是来不及的。要挖掘一个深洞，粪金龟就必须把冬天来临之前的空闲时间全部用上，别无他法。要使避难所更加安全，它就得把心思全用在造房建屋上，暂时不能去干别的事情。可在产卵期间，这么辛勤的劳作是不可能的。时间过得很快。它得在四五个星期内给挺多的子女住的吃的，这就无法长时间地去挖深井了。

粪金龟为其幼虫挖的地洞并不比西班牙蜣螂和圣甲虫挖的深多少，尽管季节有所不同。就我在野地里所发现的所有地洞来看，也就是三分米左右，尽管那儿土很好挖，挖多深都没问题。

这种简陋的住处状如一段香肠或猪血腊肠，长度不超过两分米。这段香肠几乎都是不规则的，有时弯曲，有时又多少有些凹凸不平。这种不完美的情况是由于石头地的高低起伏所导致的，粪金龟是直线和垂直的挖掘工，无法总是按照自己的艺术标准去挖掘。于是，与地道紧贴在一起的粮食也就很忠实地再现了其模具的不规则性。香肠底部是圆的，如同地洞底部一样。这圆圆的底部就是孵化室，这圆形的孵化室可以放下一只小榛子。因胚胎的需要，孵化室的侧壁挺薄，空气能很容易地透进。在孵化室内，我看到有一种带点儿绿的黏液在闪亮，那是疏松多孔的粪核的半流质状物质，是粪金龟妈妈吐出来喂给新生幼儿的头一口食物。

卵就睡在这个圆圆的小窝里，与四周无任何接触。卵是白色的，呈加长的椭圆形，与成虫的体积相比较，卵的体积够大的了。粪生粪金龟的卵长有七八毫米，宽有四毫米多，比粪金龟卵的体积要稍小一点儿。

隧　　蜂

　　隧蜂是一些酿蜜工匠，体形一般较为纤细，比我们蜂箱中养的蜜蜂更加修长。它们成群地生活在一起，身材和体色多种多样。有的比一般的胡蜂个头儿要大，有的与家养的蜜蜂大小相同，甚至还要小一些。这么多种多样，会让没经验的人束手无策，但是，有一个特征是永远不会改变的。任何隧蜂都清晰可辨地烙有本品种的印记。

　　你看看隧蜂肚腹背面腹尖上那最后一道腹环。如果你抓住的是一只隧蜂，那么其腹环则有一道光滑明亮的细沟。当隧蜂处于防卫状态时，细沟则忽上忽下地滑动。这条似出鞘兵器的滑动槽沟证明它就是隧蜂家族之一员，无须再去辨别它的体形、体色。在针管昆虫属中，其他任何蜂类都没有这种新颖独特的滑动槽沟。这是隧蜂的明显标记，是隧蜂家族的族徽。

　　四月份，工程谨慎小心地开始了，不是一些新土小包的话，外面是一点儿也看不出来的。外面工地上没有一点儿动静。工匠们极少跑到地面上来，因为它们在井下的活计十分繁忙。有时候，这儿那儿，有这么一个小土包的顶端晃动起来，随即便顺着圆锥体的坡面滑落下去，这是一个工匠造成的，它把清理的杂物抱出来，往土包上推，但它自己并没露出地面。眼下，隧蜂只忙乎这种事。

五月带着鲜花和阳光来到了。四月里的挖土方的工人现在变成了采花工。我无论何时都能够看见它们待在开了天窗的小土包顶上，个个都浑身沾满黄花粉。个头儿最大的是斑纹蜂，我经常看见它们在我家花园小径上筑巢建窝。我们仔细地观察一下斑纹蜂。每当储存食物的活计干起来的时候，总会不知从何处突然来了这么一位吃白食者，它将让我们目睹强抢豪夺是怎么回事。

五月里，上午十点钟左右，当储备粮食的工作正干得欢时，我每天都要去察看一番我那人口稠密的昆虫小镇。我在太阳地里，坐在一把矮椅子上，弓着腰，双臂支膝，一动不动地观察着，直到吃午饭时为止。引起我注意的是一个吃白食者，是一种叫不上名字的小飞虫，但却是隧蜂的凶狠的暴君。

它是一种身长五毫米的双翅目昆虫❶，眼睛暗红、面色白净，胸廓深灰，上有五行细小黑点，黑点上长着后倾的纤毛，腹部呈浅灰色，腹下苍白，爪子系黑色。

在我观察隧蜂的时候，发现它的数量很多。它常常蜷缩在一个地穴附近的阳光下静候着。一旦隧蜂收获归来，爪上沾满黄色花粉，它便冲上前去，尾随隧蜂，前后左右飞来转去，紧追不舍。最后，隧蜂突然钻入自家洞中，这双翅目食客也随即迅疾落在洞穴入口附近。它一动不动地，头冲着洞门，等待着隧蜂干完自己的活计。隧蜂终于又露面了，头和胸廓探出洞穴，在自家门前停留片刻。那吃白食者仍旧纹丝不动。

它们常常是面对面，间隔不到一指宽，双方都声色不动。

注释　❶ 双翅目昆虫：是昆虫纲有翅亚纲中的一个目，包括蚊、蝇、蠓、蚋、虻。为昆虫纲中仅次于鳞翅目、鞘翅目、膜翅目的第四大目。

隧蜂没有戒备伺机偷食的食客，至少，其外表之平静让人做如是想；而食客也丝毫没有担心自己的大胆行为会受到惩罚。面对一根指头就能把它压扁的巨人，这个侏儒却仍旧岿然不动。

巨大的宽宏大量的隧蜂只要自己愿意，就可以用其利爪把这个毁其家园的小强盗给开膛破肚了，可以用其大颚压碎它，用其螫针扎透它，但隧蜂压根儿就没这么干，却任由那个小强盗血红着眼睛盯住自己的宅门，一动不动地待在旁边。

隧蜂飞走了。小飞蝇立刻飞进洞去，像进自己家门似的大大方方。现在，它可以随意地在储藏室里挑选了，因为所有的储藏室都是敞开着的；它还趁机建造了自己的产卵室。在隧蜂归来之前，没有谁会打扰它。让爪子沾满花粉，胃囊中饱含糖汁，是件颇费时间的活计，私闯民宅者要干坏事也必须有充裕的时间。但罪犯的计时器非常精确，能准确地计算出隧蜂在外面的时间。当隧蜂从野外返回时，小飞蝇已经逃走了。它飞落在离洞穴不远的地方，待在一个有利位置，瞅准机会再次打劫。

万一小飞蝇正在打劫时，被隧蜂突然撞见，会怎么样呢？出不了大事的。我看见一些大胆的小飞蝇跟随隧蜂钻入洞内，并待上一段时间，而隧蜂则正在调制花粉和蜜糖。当隧蜂掺兑甜面团时，小飞蝇尚无法享用，于是它便飞出洞外，在门口等待着。小飞蝇回到太阳地里，并无惧色，步履平稳，这就明显地表明它在隧蜂工作的洞穴深处并未遇到什么麻烦事。

如果小飞蝇太性急，太讨厌，围着糕点转个不停，后颈上准会挨上一巴掌，这是糕点主人会有的举动，但也就仅此而已。盗贼与被偷盗者之间没有严重的打斗。

当隧蜂无论满载而归或一无所获地回到自己家中时，总要迟疑片刻；它迅速地贴着地面前后左右地飞上一阵。它所担心的并非敌人，而是寻找自家宅门时的困难，因为附近小土包一个又一个，相互重叠，昆虫小镇又街小巷窄，再加上每天都有新的杂物清理出来，小镇面貌日日有变。它的犹豫不决明显可见，因为它经常摸错了门，闯到别人家中。一看到门口的细微差异，它立刻知道自己走错门了。

于是，它重又努力地开始弯来绕去地探查，有时突然飞得稍远一点儿。最后终于摸到自家宅穴。它喜不自胜地钻了进去，但是，不管它钻得有多快，小飞蝇还是待在其宅门附近，脸冲着其门口，等待着隧蜂飞出来后好进去偷蜜。

当屋主又出了洞门时，小飞蝇则稍稍退后一点儿，正好留出让对方通过的地方，仅此而已。

小飞蝇对隧蜂的突然出现并没有惊慌失措，它只是稍加了点儿小心而已。同样，隧蜂也没在意这个打劫它的强盗，除非后者跟着它飞，纠缠于它。这时，隧蜂一个急转弯就飞远了。

吃白食者此刻也处于两难境地。隧蜂回来时甜汁在其嗉囊中，花粉沾在爪钳里，甜汁盗贼吃不着，花粉尚无定型，是粉末状的，也进不了口。再者，这一点点花粉也不够塞牙缝的。为了集腋成裘制成圆面包，隧蜂要多次外出去采集花粉。必需材料采集齐备之后，隧蜂便用大颚尖掺和搅拌，再用爪子将和好的面团制成小丸。如果小飞蝇把卵产在做小丸的材料上，经这么一番揉捏，那肯定是完蛋了。

所以，小飞蝇的卵将是产在做好的面包上面的；因为面包的制作是在地下完成的，吃白食者就必须进入隧蜂的洞宅之中。小飞蝇贼胆包天，果真钻下去了，即使隧蜂身在洞中也全然不顾。失主要么是胆小怕事，要么是愚蠢的宽容，竟然任窃贼自行其是。

小飞蝇悉心窥探、私闯民宅的目的并不是想损人利己，不劳而获；它自己就可以在花朵上找到吃的，而且并不费事，比这么去偷去抢要省劲儿得多。我在想，它跑到隧蜂洞中也就是想简单地品尝一下食物，知道一下食物的质量如何，仅此而已。它的宏大的、唯一的要事就是建立自己的家庭。它窃取财富并非为了自己，而是为了自己的后代。

我们把花粉面包挖出来看看。我们将会发现这些花粉面包经常是被糟蹋成碎末状，白白地浪费了。散落在储藏室地板上的黄色粉末里，我们会看见有两三条尖嘴蛆（qū）虫蠕动着。那是双翅目昆虫的后代。有时与蛆虫在一起的还有真正的主人——隧蜂的幼虫，但却因吃不饱而孱（chán）弱不堪。蛆虫尽管不虐待隧蜂幼虫，但却抢食了后者最好的食物。隧蜂幼虫可怜兮兮，食不果腹，身体每况愈下，很快便一命呜呼了。其尸体变成了微小颗粒，与剩下的食物混在一起，成了蛆虫的口中之物。

隧蜂妈妈在孩子遭难之时用大颚把歹徒咬碎，扔出洞外，这简直是轻而易举的事。可是愚蠢的妈妈竟然没有想到这么做，反而任由鸠占鹊巢❶者逍遥法外。

随后，隧蜂妈妈干的事还要愚蠢。成蛹期到来之后，隧蜂妈妈竟然像封堵其他各室一样把被洗劫一空的储藏室用泥盖封堵严实。这最后的壁垒对于正在变形期的隧蜂幼虫来说是绝妙的防护措施，但是当小飞蝇来过之后，你这么一堵，那可是荒唐透顶了。隧蜂妈妈对这种荒唐之举却毫不犹豫，这纯粹是本能使然，它竟然还把这个空房给贴上封条。我之所以说是空房，是因为狡猾的蛆虫吃光了食物之后，立即抽身潜逃了。

吃白食者既卑鄙狡诈，又小心谨慎。所有的蛆虫都会放弃那些黏土小屋，因为这些小屋一旦堵上，那它们就会被葬身其

注释 ❶ 鸠占鹊巢：成语。比喻安享其成或强占他人的居所。

间的。黏土小屋的内壁有波状防水涂层，以防返潮，小飞蝇的幼虫表皮很敏感娇嫩，似乎对这种小屋倍感舒适，是其理想的栖身之地，然而蛆虫却并不喜欢。它们担心一旦变成小飞蝇，却被困在其中，所以便匆匆离去，分散在升降井附近。

我挖到的小飞蝇确实都在小屋外面，从未在小屋里面见到过它们。我发现它们一个一个都挤在黏土里的一个窄小的窝儿内，那是它们还是蛆虫时移居到此后营建的。来年春天，出土期来临时，成虫只需从碎土中挤出去就能到达地面了，这一点儿也不困难。

吃白食者的这种迫不得已的搬迁还有另一个也是十分重要的原因。七月里，隧蜂要第二次生育。而双翅目的小飞蝇则只生育一次，其后代此时尚处于蛹的状态，只等来年变成为成虫。采蜜的隧蜂妈妈正又开始在家乡小镇忙着采蜜；它直接利用春天建筑的竖井和小屋，这可大大地节约了时间！精心构筑的竖井房舍全都完好如初，只需稍加修缮便可交付使用。

如果生就喜欢干净的隧蜂在打扫屋子时发现一只蝇蛹，会怎么样呢？它会把这个碍事的玩意儿当作建筑废料似的给处理掉。它会把这玩意儿用大颚夹起，也许把它夹碎，搬到洞外，扔进废物堆中。蝇蛹被扔到洞外，任随风吹日晒，必死无疑。

我们现在来看一看吃白食者后来的情况。在整个六月里，当隧蜂休闲的时候，我对我那昆虫众多的昆虫小镇进行了全面的搜索，总共有五十来个洞穴。地下发生的惨案没有一件逃过我的眼睛。我们一共四个人，用手把洞里挖出的土过筛，让土从手指缝中慢慢地筛下去。一个人检查完了，另一个人再重新检查一遍，然后第三个人、第四个人再进行两次复检。检查的结果令人心酸。我们竟然没有发现一只隧蜂的虫蛹，一只也没有。这隧蜂密集于此的街区，居民全部丧生，被双翅目昆虫取而代之。后者呈蛹状，多得无以计数，我把它们收集起来，以便观察其进化过程。

昆虫的生活季结束了，原先的蛆虫已经在蛹壳内缩小，变硬，而那些棕红色的圆筒却保持静止不动状态。它们是一些具有潜在生命力的种子。七月的似火骄阳无法把它们从沉睡中烤醒。在这个隧蜂第二代出生期的月份中，好像上帝颁发了一道休战圣谕：吃白食者停工休整，隧蜂和平地劳作。如果敌对行动接二连三，夏天同春天时一样大开杀戒，那么受害太深的隧蜂也许就要灭种了。第二代隧蜂有这么大一段休养生息期，生态的平衡也就得以保持了。

四月里，当斑纹隧蜂在围墙内的小径上飞来飞去，寻找一个理想地点挖洞建巢时，吃白食者也在忙着化蛹成虫。啊！迫害者与受迫害者的历法是多么的精确，多么的令人难以置信哪！隧蜂开始建巢之时，小飞蝇也已准备就绪：它那以饥饿之法消灭对方的故技又重新开始了。

隧蜂门卫

　　初春时节由孤独的隧蜂单独挖好的住所，到夏季来临时便成了全家人的共同财产。地下有将近一打的蜂房。可从这些蜂房里出来的全是雌蜂。这是我饲养的那三种隧蜂的共同规律。它们每年繁殖两代。春天出生的一代全是雌蜂；而夏季出生的一代则有雌有雄，而且雌雄数量几乎相等。

　　隧蜂家庭成员的减少，并非因事故所致，而是由饥不择食的小飞蝇造成的。隧蜂全家有一打姐妹（只是姐妹），各个勤劳，人人都能无须性伙伴而生儿育女。另外，隧蜂妈妈的住处绝不是一间破屋陋室：其住宅的主要部分是出入通道，清除一点儿瓦砾之后就可以进出。这就节省了对于隧蜂而言极其宝贵的时间。洞底的蜂房是一些黏土小屋，也几乎是完好无损，如要加以利用，只需用细毛刷轻轻清理一下即可。

　　那么，在有同等权利的幸存的雌蜂中，谁将继承这所住宅呢？根据死亡的概率，继承者应有六七只或更多一点儿。隧蜂妈妈的住宅将属于谁呢？它们之间根本不为这事争吵。隧蜂姐妹们从同一个通道平静地钻进钻出，去忙各自的活计，从不你争我夺。

　　在井的底部，每个隧蜂姐妹都有自己的一小块领地，那是一些新近挖好的一个个蜂房，因为旧的蜂房已被占用，现在数量不够用的了。在这些属于私产的凹室里，每个隧蜂妈妈都在一旁干活儿，看守着自己的财产，严守自己的隐私。其他的地方全都是可以自由往来的。

隧蜂忙着干活儿时进进出出的景象煞是好看。一只采花粉的雌蜂从田野归来，毛茸茸的爪子上沾满了花粉。如果洞门无蜂进出，它便立刻钻进地下去。在门口稍停片刻纯属浪费时间，而活儿不等人。有时候，有好几只间隔不久，相继而来。通道太狭窄，容不下两只同时进出，特别是要避免相互摩擦，蹭掉了各自爪子上的花粉。于是离洞口最近的就赶快钻入。其他的隧蜂则在门口按先后次序排好，不挤不拥，等着轮到自己进入。第一只一钻入地下，第二只便紧随其后，然后第三只、第四只，一只一只地快捷地跟着钻入地下。

有时候会遇到一只要进一只要出的情况。于是，要进去的便稍往后退，礼让要出的先出来。礼让是相互间的。我就看见过有一些隧蜂正要钻出地面，又返回去，让出通道给刚飞回来的隧蜂。

我们再仔细地观察，还有比这种进出的良好秩序更好的哩。当一只隧蜂在花间采集归来时，我看见一种关闭屋门的活门突然降了下去，让通道可以通行。当到来的隧蜂一钻进门里，活门又升回到原先的位置，几乎与地面持平，又关上了。有隧蜂出来，活门也同样操作。活门从后面推顶，往下降去，门就启开，隧蜂便可飞出。隧蜂一飞出来，门又重新关上。

这个在隧蜂每次飞进或飞出时在井坑圆柱体内像活塞似的或升或降，或开或闭的活门到底是什么东西？这是一只隧蜂，它已成了宅子的看门人。它用自己的大脑袋在前厅上面形成一道无法逾越的障碍。如果宅子里有谁要进来或出去，它就拉动绳子，也就是说，它就退至通道的一处较宽、可以容下两只隧蜂的地方。对方通过之后，它便立即回到洞口，用脑袋把口堵住。它一动不动，用目光搜索着，只有在抓捕那些不知趣的家伙时它才离开自己的岗位。

它看上去与其他现在正忙着采集花粉的隧蜂一模一样，不过，它已秃顶，衣服破旧，已无光泽。在其半脱毛的背部，漂亮的褐色与棕红相间的斑马纹腰带几乎已丧失殆尽。

在洞口站岗放哨看门守屋的这只隧蜂比其他的隧蜂年岁大。它是这个住宅的建造者，是现在正在忙着采集花粉的隧蜂姐妹们的妈妈，是现在还是幼虫的隧蜂们的外婆。三年前，当它还是个花季少女时，它单枪匹马地拼命干活儿，累得精疲力竭。现在它还在干活儿，它在为这个家尽自己的绵薄之力。它已经不能再生儿育女，便当上了看门人。

一只蚂蚁路过洞穴附近。它很想知道洞底下为何有蜜的甜香味飘上来。隧蜂看门人脖子一扭。通常，这种威吓的动作就足够了。蚂蚁见状赶紧走开。如果它赖着不走，隧蜂看门人便会飞出洞来，向那大胆狂徒扑过去，推搡它，驱赶它。把它赶跑之后，隧蜂看门人便立刻回到哨位，继续站岗放哨。

现在我们来谈谈切叶蜂。切叶蜂不谙挖洞技巧，便学着同胞的样儿，使用一些别的蜂留下的旧通道。当春天的小飞蝇把隧蜂的地下通道掏得空空荡荡的时候，这通道对于切叶蜂来说就很合适了。切叶蜂在寻找一处可以堆放其用刺槐叶制作的羊皮袋似的住所时，经常绕着我的隧蜂小镇飞来飞去，寻寻觅觅。它觉得有一个洞穴挺合适的。但是，在它落地之前，它的嗡嗡声已经被隧蜂看门人察觉了，只见后者突然飞出，在其门口做了几个手势。这就够了，切叶蜂立刻就明白了，赶紧离去。

　　有时候，切叶蜂还有时间迅疾落下，将头探入井口。隧蜂看门人立即出现，脑袋稍稍抬起，把洞口堵住。随即出现一种不太严重的对峙。外来者很快便明白这个洞穴已有主儿了，不可冒犯，也就不再坚持，到别处寻觅住所去了。

　　在隧蜂外婆们之间，也是同样的互不相容。将近七月中旬，当隧蜂小镇热闹繁忙的时候，有两种隧蜂是很容易辨认的：年轻的隧蜂妈妈和隧蜂老媪（ǎo）。隧蜂妈妈数量更多，体轻身健，衣着鲜艳，不停地从田野到洞穴，从洞穴到田野地飞来飞去。而隧蜂老媪则面容枯槁，无精打采，懒散闲淡地从一个洞穴逛到另一个洞穴，让人看着好像是迷失了路径，摸不着自己的家门了。它们这么游来荡去的是怎么回事？我看见它们一个个都一副伤心痛苦状，由于春天的可恶的小飞蝇干的好事，它们已无家可归了。很多洞穴全部被扫荡一空。夏季来临，隧蜂妈妈孤身一人，只好离开自己那已成空房的家屋，去寻找一处有摇篮需看护、有岗要站的住宅。但是，这些幸福的家庭已经有了自己的守卫，亦即其创建者，它紧把着自己的权利，对于自己的无业的邻居十分冷漠。

　　有时候我还能看到两位隧蜂外婆在争吵。当寻找职业的游荡者突然来到大门前的时候，合法的那位看守者并不离开自己的哨位，不像见到自己的孩子从田野回来那样，退回到过道里去。它绝不让出通道，并用爪子和大颚进行威胁。对方也不示弱，仍旧想要闯入。双方便推搡起来。争斗以外来者的失败而告终；失败者只好去别处找碴儿寻衅了。

　　这些小场景让我们从斑马纹隧蜂的习性中隐约看到某些极有意思的细节。春季筑巢做窝的隧蜂妈妈一旦工程完工，就不再走出家门。它要么隐于狭小肮脏的洞穴深处，一心一意地干些琐碎的家务活儿，要么懒洋洋地等待着孩子们的出世。夏日炎炎，隧蜂小镇又一片繁忙热闹时，外面采集的活儿用不着它去干，只好在前厅入口处站岗放哨，只许自己外出劳作的孩子们进入，不许别有用心的歹徒有非分之想。没有隧蜂外婆的许可，谁也甭想入内。

没有任何迹象表明，这个警惕的门卫擅离过职守。我从未见过它离开家门，去花间大快朵颐，以恢复体力。它年事已高，而且其看家护院的活儿也不很累，也许就用不着吃什么东西。也许孩子们采集归来，时不时地从自己的胃囊中吐出一点儿来给它。不管吃与不吃，反正隧蜂外婆是不再出门了。

但是，它需要有天伦之乐。它们当中有不少已无家庭欢乐了。双翅目小飞蝇把它们的家洗劫一空。被洗劫者们只好抛弃那已空空荡荡的洞穴。衣衫褴褛忧心忡忡地在隧蜂小镇四处游荡的正是它们。它们并不走远，更经常的是待在原地一动不动。它们因而变得脾气暴躁，粗暴地对待他人，竭力赶走别人。它们就这样一天一天地变少，变衰，最后消亡。它们的下场是什么？小灰蜥蜴一直在窥伺着它们，拿它们饱了口福。

那些安居于自己领地中、看守着自己的孩子们劳作的制蜜作坊的隧蜂，始终保持着高度的警惕，一丝不苟。我同它们接触越多，就越发地钦佩它们。清晨凉爽时，采集花粉的隧蜂们因找不到被太阳晒熟的花粉而闭门不出的时候，我就看见隧蜂门卫待在通道上端入口的自己的岗位上。它们一动不动地待在那儿，脑袋堵住入口，与地面持平，以防外来者侵入。如果我离得太近地观察它们，它们就稍稍后退，在暗处等着我这个不速之客离去。

上午八点至十二点，采集高峰时，我又来观察。由于采集女工们进进出出，一片繁忙，我就看见那扇门一会儿开一会儿关的，忙个不停。这时是隧蜂门卫最紧张最累的时刻。

　　午后，天气太热，花粉采集工们不再去田间野地里了。它们钻进住宅底部，油漆新建的蜂房，制作供虫卵所需的圆面包。隧蜂外婆始终留在上面，用自己那光秃秃的脑袋堵住大门。即使天气再热，门卫也不能午睡，因为必须保证全家人的安全。

　　夜幕降临或者更晚一些，我又回来观察。我凭借提灯的光亮又看到隧蜂门卫仍旧如白天一样地忠于职守。其他的隧蜂都休息了，而门卫却没有，它明显地是在担心夜间会出现危险，而这些危险只有它才了解。

　　很明显，如此这般地守卫着的洞穴就可以避免类似于五月那使家庭大量减员的灾祸的发生。让盗窃隧蜂面包的窃贼小飞蝇现在来试试看！它的冥顽不化，它的大胆妄为绝逃不过时刻高度警惕着的门卫的，后者稍加威胁就能吓退来犯者，要是来犯者执意不走，那它非用大钳把来犯者夹碎不可。窃贼小飞蝇将不会来了，个中原委我们很清楚，因为到春回大地之前，它们都待在地下，处于蛹的状态。

　　但是，就算小飞蝇没了，可在蝇科这种低下层次中，还有其他一些攫取他人财富者。这些家伙什么坏事都干得出来，无所不用其极。可是，七月里，我在各个洞穴附近查看时就一个都没有撞见。这帮混账东西真是暗中偷盗的高手！它们多么了解隧蜂门口有门卫在把守着啊！对于它们来说，今天是没有机会了，所以一只蝇科昆虫都未出现，春天的那种灾祸未再降临。

　　隧蜂外婆因年岁大而免除了做母亲的烦恼，专司大门守卫、保护全家老小安全之职，这告诉我们在本能起源中突然出现的一些事。隧蜂外婆向我们展示了一种突然而至的才能。而这种才能，无论是在它自己过去的行为举止中还是在它女儿们的一举一动中都没有任何东西使我们能够猜测出来的。

从前，当凶残的小飞蝇当着它的面闯入家中时，或者更经常的是，当小飞蝇待在入口处，与它面面相对时，愚蠢的隧蜂竟然一动不动，甚至连吓唬一下这个红眼强盗都没有，而它本可以轻易地就把这个小侏儒制服的。它这是被吓住了吗？不会的，因为它仍然像没事似的忙着自个儿的事；不会的，因为强者不会就这么被弱者吓倒的。这是因为它对大祸临头一无所知，这是因为它愚不可及。

可是今天，这个三个月前还愚昧无知的隧蜂无师自通地非常了解危险之所在了。任何外来者，只要一出现，无论个儿大个儿小，无论属于哪一种属，一概拒之门外。如果肢体的威吓无济于事的话，隧蜂门卫就会跑出洞外，向赖着不走者扑过去。原先的胆小者现在无所畏惧了。

怎么会有这种一百八十度的大转弯呢？我倒是希望这是因为隧蜂吸取了春天灾难的教训，从今往后便开始提防危险了；我也很想赞扬它是受到经验教训的启迪转而学会担当门卫的重任。但是，我这种想法是错误的。如果说隧蜂是由于一点点的进步，终于学会了安排一个门卫来看家护院的话，那又怎么会对窃贼的担心时有时无呢？五月时节，它单枪匹马，的确无法长期把守大门：首当其冲的是要干家务活儿。但是，自它的家族遭受迫害时起，它至少是应该了解这种寄生虫——小飞蝇，而且当后者每时每刻几乎都在自己的脚前爪下转悠时，甚至跑到自己的家中来时，它至少应该把窃贼赶走才对，但它并没有这么做。

粮食准备充足之后，隧蜂便不再外出去采集花粉，也不再满载花粉而归，可这时候，隧蜂外婆仍一如既往地保持着警惕，坚守自己门卫的岗位。最后的准备工作就在地下洞穴中进行，那关系到一窝小隧蜂；各个蜂巢关闭了起来。直到所有的一切全部结束之前，洞口大门将始终严密地把守着。然后，隧蜂外婆和隧蜂妈妈将离开家屋。

自九月起，第二代隧蜂便出现了，既有雌蜂，也有雄蜂。

老 象 虫

　　有一种古币学，它用它的那些纪念章——化石——向我们讲述生命的历史。这就是石头的古币学。

　　我的窗户边缘这个古老岁月的知己独自在同我交谈一个消失了的世界。这是个地地道道的尸骨埋葬地，它的每一小块地方都留有逝去的生命的印迹。这堆石头已无生命。海胆的尖头、鱼类的牙齿和脊椎、贝类的残壳、石珊瑚的碎片在此形成了一个墓葬群。对我家宅子的砾石逐一观察研究，便知这座宅子是一只圣骨箱、一个古代活物的旧衣堆。

　　人们在这儿开采建筑材料的那个岩石层，用它那坚硬的甲壳覆盖附近这座高原的大部分。不知从多少个世纪之前开始，也许自从阿格里帕在此为奥朗日剧院的阶梯和面墙让人切割大青石的那个时期起，采石工就在那儿挖掘了。

　　铁镐每天都得从那儿挖出一些稀奇古怪的化石来。最引人注目的是一些牙齿，它们外表粗糙，里面光滑，简直棒极了，珐琅质❶像新牙时一样地光亮。此外，也可能见得到一些很不错的化石，呈三角形，边缘为轧齿状花边，几乎与手掌般大小。

注释　❶ 珐琅质：釉质的旧称。

瞧这张牙像耙子似的嘴，而且牙齿排成数列，一层一层的，直达喉咙，好大的一张嘴呀！这嘴里被利齿咬住、撕碎的是什么东西呀！你只要在脑子里复制一下这台可怕的杀人机器，就会浑身发颤的。这个全副武装的凶神恶煞属于角鲨族，古生物学称之为巨噬人鲨。看看今天那称之为海中霸王的鲨鱼，你就会有一个类似的概念了，正如看见侏儒你就知道巨人似的。

在这同一块石头中，还有不少其他的角鲨化石，全都是满嘴利齿。你可以看到利齿如尖刀的尖额鲨，下腭长着弯曲带齿的爪哇顶重器的半锯鳐（yáo），嘴里满是弯曲锐利、一面平一面凹的尖刀的鼠鲨，扁平牙齿上有发光锯齿的鳃鲨。

这座利齿武库是古代杀戮的有力证明，犹如尼姆的鳄鱼、马赛的黛安娜、维松的奔马一样的有价值。这座武库以其屠杀武器向我讲述着这种屠杀是如何在各个时代消灭泛滥成灾的生命的。它还告诉我说："就在你对着一片石块思索的那个地方，从前曾是一湾海水，水中住满了凶狠的嗜血者和温驯平和的被吞食者。一个长长的海湾曾经一直占据着后来成为罗讷河谷的那个地方。就在离你家不远的地方，曾经是一番波涛汹涌的景象。"

这儿海岸的悬崖峭壁确实保存完好，以至我在沉思默想时，会以为听见了隆隆的涛声。海胆、石蛏（chēng）、海笋、住石蛤（gé）都在那儿的岩石上面留下了自己的印迹。这是一些半圆形的凹窝，可以放进一只拳头；这是一些洞口狭窄的圆形巢室，隐居者在其中接受不断更新且满载着食物的水流。有时候，有古代居民住在其中，已经矿化，直至其条痕和小鳞片这样的脆弱的饰物都完整地保存着；而更经常的则是，其中的古代居民溶解了，不见了踪影，屋子里被已变硬了的细海泥钙核所填满。

在这个宁静的小海湾里，旋涡把形状各异、大小不等的贝壳冲积在一起，并将它们淹没在日后变成泥灰岩的淤泥中。这是以一些小丘作为坟冢的软体动物的坟场。我曾挖到过一些长约半米重两三公斤的牡蛎。用铁锹在这坟堆里翻动，就会见到扇贝、芋螺、骨螺、锥螺、笔螺以及其他各种各样的海洋生物。看到这么一个偏僻角落，竟然藏有从前的激情充斥的生命所能提供的这么一大堆的圣物，真让人惊叹愕然。

长有贝壳的埋葬虫还向我们证实，时间这个事物秩序的有耐心的革新者，不仅毁灭了早生早灭的单个生物，而且还毁灭了整个的物种。今天，毗邻的大海——地中海几乎已不再有任何与消失的海湾中的居民相同的东西了。要想找到现在与往昔之间的一些相类似的容貌，可能得到那些热带海洋去寻找了。

气候已经变冷了；太阳在慢慢地熄灭，物种在灭绝。我家窗户边缘的石头古币学就是这么告诉我的。

我们不要离开我那极不起眼、极其狭小但却极为丰富的观察场所，继续向石头讨教，但这一次是要讨教有关昆虫的问题。

在阿普特周围，一种奇特的岩石遍地皆是，它已风化得像书页了，类似于浅白色的硬纸板片。这种岩石用火点燃会冒出黑烟，有一股沥青味儿；它沉积在鳄鱼和巨龟经常出没的一些大湖的湖底。这些大湖人类从未亲眼见过，湖盆被山脊所替代；湖泥平静地沉积成一层层的薄地层，变成了又大又硬的礁石。

我们从这礁石上分离出一块石板来，然后再用刀尖把这块石板分成一些薄片，这工作十分容易，就像把重叠在一起的硬纸板一层层地剥开似的。我们这样做就像是在查阅从大山图书馆取出的一部书，在浏览一本配有精美插图的书。

这是一部大自然的手稿，比埃及那纸莎草纸手稿有趣得多。它几乎每一页都有一些插图，而且更妙的是，那是一些变成图像的现实。

在这一页上，展现的是随意聚集在一起的鱼类。你会以为那是用石油煎炸过的鱼。鱼刺、鱼鳍、脊椎架、鱼头小骨、已变成黑色小球的晶状眼球等全都印在上面，与生前的自然形态一模一样。唯一缺少的是：鱼肉。

这无伤大雅：鲍鱼这道菜让人大饱眼福，使人禁不住想要用指尖去刮擦刮擦，再尝上一口这种保存了数千年的鱼肉罐头。我们来发挥一下奇思异想：让我们放一点儿这种石油煎炸的矿物鱼在牙齿下面。

插图四周没有一点儿文字说明，思考代替了文字说明。思考在对我们说："这些鱼成群结队地在那儿的平静的水里大量地生活过。湖水突然猛涨，夹带着厚厚的淤泥的浪涛把它们窒息而死。它们很快就被淤泥掩埋起来，因而逃过了暴风雨的毁灭性打击，从而穿越了时空，并将在裹尸布的庇护下永远地继续穿越这时空隧道。"

这突然暴涨的湖水还夹带来附近被雨水冲刷的泥土以及一大堆一大堆的植物或动物的残肢碎屑，因此这湖泊的沉积物也告诉了我们那些陆地生物的情况。这是当时的生命的总汇。

我们再翻过我们的石板或者说我们的画册的一页，里面有长着翅膀的种子、有着褐色印迹的叶子。石头植物集与专业植物集在比试着植物的清晰度。

这石头植物集在向我们重述贝壳已经告诉过我们的情况：世界在变化着，太阳的烈焰在减弱。现在的普罗旺斯的植物并非从前的那些植物；现在的普罗旺斯的植物中不再有棕榈树、散发出樟脑味的月桂树、带羽毛饰的南洋杉以及其他的许许多多现已属于热带植物的树木和灌木。

我们继续往下翻阅，现在看到的是昆虫。最常见的是双翅目昆虫，个头儿很小，常常是一些不起眼的小飞虫。大角鲨的牙齿的粗糙石灰质外表的中间却十分的细滑，让我们看了非常惊讶。对这些嵌于泥灰岩圣骨箱中而完好无损的娇小飞虫又该说些什么呢？我们用手去抓必定会使之粉身碎骨的这种娇小生命竟然在重山峻岭的重压之下躺在里面没有变形！

那六只细爪张开在石头上，形状、姿态完全处于休息之中，稍稍一碰，爪子肯定会断。爪子很完整，包括指头上的双爪也都在。两个翅膀是展开来的，用放大镜对双翅的纤细脉网进行研究，同用大头针把这只昆虫固定住加以研究是异曲同工的。触角的羽毛饰丝毫未失其纤巧美丽；腹部的体节可以数清，有一排微粒围着，这些微粒也就是它的纤毛。

乳齿象的骨架在其沙床上躺着，年深日久而不损毁，这就够让我们惊讶不已的了；一只娇弱小巧的飞虫竟然完好无损地保存于厚厚的岩石中，这简直是让我们瞠目结舌。

当然，蚊虫并非来自远方，不是由上涨的湖水卷带而来的。在大水到来之前，涓涓细流本来就会将它化为它已极其接近的乌有状态的。它在湖边结束了生命。它被一个早晨的欢乐杀死了，因为一个早晨对于蚊虫来说就已算是长命百岁了。它从灯芯草顶端掉下来淹死了，而这个溺水者即刻便消失在淤泥坟地之中。

其他的那些虫子，那些粗短的、长着坚硬的凸状鞘翅的虫子，那些数量仅次于双翅目昆虫的虫子，它们是些什么样的虫子呢？看看它们延伸成喇叭状的狭小的脑袋，我们就一清二楚了。它们是长鼻鞘翅目昆虫，是有吻类昆虫❶，说得稍许文雅点儿，就是象虫。细小的、中等个儿的、大个头儿的全都有，与它们今天的同类的大小一样。

注释 ❶ 有吻类昆虫：昆虫中的某一类，如椿象。

它们在石灰质岩片上的姿态没有蚊虫的姿态端正。爪子乱伸，喙或藏在胸下，或向前伸出。它们当中，有的露出喙的侧面，更多的是通过颈部的一绺（liǔ）浓毛把喙歪在一边。

这些肢体残缺不全、身体扭曲着的象虫，不是突然地、平静地被埋葬的。虽然有许多象虫是在湖边植物丛中了却一生的，但大部分其他象虫则是来自周围地区、被雨水冲带来的，在途中遇到细枝碎石，把肢体给弄得残缺不全。它们虽然身有铠甲，使身子完好无损，但肢爪上细小的关节却被弄弯弄残，而污泥这块裹尸布把它们在途中被弄成什么样儿就什么样儿地裹起来。

这些外来的象虫也许来自远方，它们向我们提供了宝贵的资料。它们告诉我们，如果说湖边昆虫类的最主要代表是蚊子的话，那么树林中昆虫类的代表则是象虫。

除了吻管科昆虫以外，我的那些岩石书页特别是在鞘翅目昆虫方面的确没再向我展示什么。那么，其他的那些陆地昆虫族，如步甲虫、食粪虫、圣金龟等被雨水不分彼此地把它们像象虫一样地带到湖中来的那些昆虫现在都在哪儿呢？这些今天繁荣昌盛的昆虫族类没有留下一点点蛛丝马迹。

水龟虫、豉（chǐ）虫、龙虱这些水中居民都在何处？关于这些湖泊昆虫，很可能在我们发现它们时，它们已在两块泥炭岩中间变成木乃伊了。如果当时有这种昆虫存在的话，那它们就生活在湖泊中，而湖中的淤泥就很可能把这些带角的昆虫比小鱼，尤其是比双翅目昆虫更加完整地保存下来的。嗬，关于这些水生鞘翅目昆虫，也没有留下任何的踪迹。

这些地质圣骨箱中找不到的昆虫，它们究竟在哪里呢？荆棘丛中的、草丛中的、被虫蛀蚀的树干中的这些昆虫——会钻木的天牛、滚粪球的金龟子、对猎物开膛破肚的步甲虫，它们都在哪里呢？它们全都处于正在变化中的未成形者。在当时还没有它们：未来在等待着它们。如果我相信我闲暇时查阅的那些简单的档案资料的话，象虫就可能是鞘翅目昆虫中的长者。

在其初始阶段，生命制造出一些可能与现今和谐状态中的情景相去甚远的奇特的东西。当生命创造蜥蜴类动物的时候，它一开始热衷于一些长达十五米至二十米的怪兽。它让它们鼻子上、眼睛上长上角，让它们的背部披上鳞片，让它们脖颈凹成有刺的袋子，脑袋可以像是戴风帽似的缩到里面去。

生命甚至还试图让这些巨兽长上翅膀，但未能遂愿。经过这些可怕的事情之后，生殖的激情平静下来，于是便出现了我们藩篱上的可爱的绿色蜥蜴。

当生命创造鸟的时候，它让鸟喙上长有爬行动物的尖利的牙齿，让鸟的臀部拖着饰有羽毛的尾巴。这些未定型的、丑陋不堪的生物是红喉雀和鸽子的远祖。

所有这些原始动物，头都很小，智力很差。远古的野兽没有别的，只是一部捕捉猎物的机器，一只消化食物的胃。智力当时尚无关紧要，那是后来的事。

象虫就在以自己的方式稍微重复这类畸变。看看它小脑袋上的那个怪异的延伸部分，那上面这儿有又厚又短的吻，别处有很粗的圆形吻管或切削成四棱面的吻管。另外，这个延伸部分就像北美印第安人那奇模怪样的长烟袋，它极其纤细，长如身子，甚至超过身长。在这个奇特的工具末端，在末端口里，是上颚那把精巧的剪刀。其身体两侧为两根触角。

这个喙，这个嘴，这个怪模怪样的鼻子有什么用处哇？象虫是在哪儿找到这种器官的模型的？哪儿也没找到过这种模型，它自己就是这种模型的创造者，它拥有这种模型的专利。除了它这一种族之外，其他任何鞘翅目昆虫都没有这种奇形怪状的嘴。

　　我们还要注意它脑袋之狭小异常。那是在鼻子底部膨胀起来的一个球球。那球里面会有什么呢？一个可怜的神经工具，那是极其有限的本能的标志。在看到这些小脑袋的家伙干活儿之前，没人注意它们智力方面的事。它们被归入木讷迟钝、没有本领的昆虫之列。这种看法以后并未遭到否定。

　　虽然象虫科昆虫在才能方面没人恭维，但并不能因此就对它们不屑一顾。正如湖中岩片书页告诉我们的那样，它们是位居长鞘翅的昆虫之前列的。它们早就在预防突发事件方面领先于在孵育方面最为灵巧的昆虫。它们向我们展示了一些原始昆虫形态，有时是极其怪异的形态。它们在自己那小小的世界中就如同长着齿形大颚的猛禽和长着角状眉毛的蜥蜴在它们那高级世界中的情况一样。

　　它们一直繁荣昌盛，繁衍至今，但特征未变。它们今天的形态就是它们在各大陆的古老年代的形态。这一点由石灰岩书页高度地证明了。我敢于把其属，有时甚至是其种的名称标注在岩片书页的那些图像下面。

　　本能的不变性应该是伴随着形态的恒久性的。通过查阅现代象虫科昆虫的资料，我们将就它们祖先的生物单方面写出与其实际情况较接近的一个章节。在它们祖先的那个时代，我们的普罗旺斯还有棕榈树在遮蔽着鳄鱼出没的辽阔的湖泊哩。讲述现代的历史将向我们叙述往昔的历史。

朗格多克蝎的家庭

在解决生活中的问题时求助于科学书籍收获是不大的；这时候，应孜孜不倦地与事实进行探讨，这比藏书丰富的书橱有用得多。在许多情况下，无知反倒更好，脑子可以自由思考，无先入为主，不致陷入书本所提供的绝境。我刚刚再一次地体会到这一点。

一篇解剖学论文，而且还出自大师之手，告诉我说，朗格多克蝎九月份有家庭之累。唉！我要是没翻阅这篇论文该多好！至少在我们地区的气候条件下，朗格多克蝎的繁殖期要大大地早于论文中所说的月份。不过，好在我没太受这篇论文的影响，要不然我傻等到九月份，那就什么也看不到了。我苦苦地观察了三年，简直等得人困马乏，心灰意冷，但还是没有看到我预想会是非常有意思的那个场景。环境并无异常，可我却莫名其妙地坐失良机，白白地浪费了一年时间，而且我也许都想放弃对这个问题的研究。

没错儿，无知可能有益；抛开老路，可以发现新东西。我们的著名大师之一从前曾这么教导过我，他就不怎么相信已知的课本知识。有一天，巴斯德未事先通知，突然按响我家的门铃，就是那位很快就将闻名遐迩的巴斯德本人。我当时已深知其名了，我早就拜读过这位学者的有关酒石酸不对称结构的大作了；我也怀有浓厚的兴趣一直关注着他对纤毛虫纲生殖问题的研究。

每个时代都有其科学的奇思妙想。我们今天有进化论，而那个时代却有自生论。巴斯德凭借自己人为决定其有菌无菌的烧瓶，按照自己那严谨而简单的绝妙实验，把一个无理的谬论给彻底推翻了，依据这一谬论，腐败物内部的一种冲突性化学反应可以激发出生命来。

我知道那个被巴斯德成功地予以澄清的有争论的问题，所以我极其热情地欢迎了这位著名的来访者。他跑来找我最主要的是想请教我几个问题。我能享有这份实不敢当的荣幸，应归功于我在物理和化学上是他的同行。唉！我只不过是他的一个小小的、默默无闻的同行罢了！

巴斯德巡视阿维尼翁地区的目的是了解养蚕业。几年来，各个养蚕场一片惶恐，被一些搞不清的灾害弄得凋敝不堪。蚕宝宝们无缘无故地就发生溃烂，继而变硬，成了一些石灰膏壳的蚕仁硬皮豆了。蚕农们手足无措，眼看着自己的一项主要收成化为乌有，付出这么多心血和钱财，落得个把一屋一屋的蚕扔进肥料堆里去的结果。

我们就猖獗（chāng jué）的灾害进行了一番交谈，谈话开门见山：

"我想看看蚕茧，"来访者说，"我还从来没见过蚕茧，只是知道其名而已。您能帮我弄一些来看看吗？"

"这很好办。我的房东就是经营蚕茧生意的，我们门对门。请您稍等片刻，我去给您弄一些来。"

我三步两步地就跑到邻居家里。我衣服口袋里装满了蚕茧后回来了，把蚕茧拿出来给大学者看。他拿起一个，在手指间翻过来掉过去地观看，那份好奇劲儿，犹如我们在看一件来自天涯海角的奇异物品似的。他在耳边摇了摇。

"还响哩，"他极为惊讶地说，"里面有东西。"

"当然有。"

"什么东西呀？"

"蚕蛹。"

"什么，蚕蛹？"

"是一种木乃伊似的东西，幼虫在里面逐渐变化，最后变成蝴蝶。"

"在所有的蚕茧里面都有这个东西吗？"

"当然，蚕吐丝结茧就是要保护蛹的。"

"啊！"

他没再说什么，就把蚕茧装进衣兜里去了，大概留待空闲时去探究蚕蛹这个重大的新生事物。他的这种胸有成竹的非凡自信令我惊叹。巴斯德不了解蚕、茧、蛹变形的知识，却前来为蚕谋求新生。古代的体育教师们出场表演时是一丝不挂的。我们的这位与养蚕业灾害做斗争的神奇勇士同他们一样，奔向角斗场时也是赤身裸体的，也就是说他对欲救其出灾难的那种昆虫连最起码的常识都没有。我为之惊讶不已，而且远胜于此，我为之感到叹服。

对下面的问题我就不怎么惊奇了。巴斯德当时还关心一个问题，就是通过加温提高酒的质量的问题。他突然转换话题说道：

"带我看看您的酒窖。"

带他看我的酒窖？我那寒酸的酒窖？凭我那当教师的微薄薪水我连喝点酒都喝不起，所以我常常抓把红糖和苹果丝放进一只坛子里发酵，为自己弄点酸不溜丢的劣质苹果酒喝喝！我的酒窖！要看我的酒窖！何不看看我的一桶桶陈年佳酿啊！我的酒窖！那还能叫酒窖吗？！

我感到狼狈不堪，一再地支吾躲闪，试图转换话题。但是他却不肯罢休，说道：

"请您带我看看您的酒窖。"

他这么一个劲儿地坚持，我也就没法拒绝了。我用手指指厨房角落里的一把没有椅垫的椅子，上面放着一只容量有十二升左右的大肚坛子。

"我的酒窖，那就是，先生。"

"这就是您的酒窖？"

"我没别的酒窖了。"

"都在这儿了？"

"唉！是的，都在这儿了。"

"啊！"

他没再说什么。学者没有发表任何看法。看得出来，巴斯德并不了解这种平民百姓称之为"疯奶牛"的口味重的菜肴。如果说我的酒窖——那把旧椅子和拍着空空响的大肚坛子——没就利用加热来抑制发酵的问题发表看法的话，那它却雄辩地谈到了我那位赫赫有名的来访者似乎并不懂得的另一件事情。一种微生物逃过了他的眼睛，而且是最可怕的微生物中的一种：扼杀坚强意志的厄运这种微生物。

尽管出现了酒窖这令人扫兴的插曲，但我仍对他那镇定自若的自信深为叹服。他一点儿也不了解昆虫的蜕变。他这是生平头一次刚刚看到一只蚕茧，并获知这只茧里有点儿东西，那是未来蝴蝶的雏形。我们南方农村小学一年级的小学生都知道的事他却全然不知。然而，这个问了一些莫名其妙的问题的大专家，不久即将让养蚕场的卫生状况发生翻天覆地的变化；同样，他也将使医药和公共卫生产生革命性的变化。

他的武器就是思想，不拘泥于细枝末节而凌驾于全局之上的思想。对他来说，变形、幼虫、若虫、蚕茧、蛹壳、蛹虫以及昆虫学的数千种小秘密有什么要紧的！在他思考的问题中，不知道这一切也许更好一些。这样，他的思绪就能更好地保持其独立见解以及大胆地腾飞；其行动摆脱了已知的东西的羁绊，将会更加自由。

受到巴斯德摇动蚕茧细听后的惊讶神态这绝佳范例的鼓励，我便立下了一个信条，把无知的这种方法运用在我对昆虫本能的研究上。我很少看书。与其用翻阅书本这种我力所不能及的费时耗力的办法，与其向别人讨教，倒不如自己坚持不懈地与我的研究对象亲密地接触，直到让它们开口说话为止。我什么都不清楚。这样反倒更好，我的探询也就更加自由，可以根据已获知的启迪，今天从这个方面去探究，明天则进行反向思维。如果我偶尔翻开一本书，我便有心地在自己的思绪中给留下一个向怀疑大大地敞开的空间，因为我所开垦的土地上长满了蒿草和荆棘。

因为未曾这么去做，我已差点儿浪费了一年的时间。当时因过于相信书本，我在九月之前，没想过朗格多克蝎的家庭的出现，可我却在七月里无意之中发现了这个家庭。实际日期与预见的日期之间的这段差距，我把它归之于气候差异造成的：我今天是在普罗旺斯进行观察，而曾为我提供信息的雷翁·迪弗尔则是在西班牙进行观察的。尽管这位大师是个大权威，我还是本应该多存个疑问的。但我没有这么做，以致差点儿坐失良机，幸好，那普通的黑蝎子以前并不是这么告诉我有关它的家庭的。啊！巴斯德不知蚕蛹是怎么回事真是太好了！

普通黑蝎子比朗格多克蝎个头儿小，且比后者安静，我一直把它们养在一些小的大口瓶中，放在我工作室的桌子上，用作参照的蝎子。这些普通的瓶子不占地方，也便于观察，所以我每天都要看看它们。每天早晨，在开始往记录本上记录情况之前，我总要掀起点为它们藏身用的硬纸板，看看头天夜里有什么状况。天天这么观察在大玻璃笼子里就难以办到，因为大玻璃笼子里有许多的小格间，必须颇费周折，大动干戈才能逐一地进行检查，而且检查完之后再恢复原状也不容易。而用小的大口瓶装黑蝎，检查起来就易如反掌了。

有一天，我眼前一亮，突然看到母蝎背着一群小蝎。那是七月二十二日早晨六点钟光景的事。我在掀开硬纸板遮盖物时，竟然发现一只黑蝎妈妈背上背着一群小蝎，仿佛背脊上披着一件白色短披风。我顿感一种温馨、甜蜜、满足，而这种时刻是观察者隔好久好久才能遇上的。我生平头一次亲眼看见黑蝎妈妈背着自己小宝宝们的弥足珍贵的场面。黑蝎妈妈是刚分娩的，大概是头天夜里的事，因为头一天它身上还是光溜溜的。

接二连三的好事在等待着我：第二天，又有一只黑蝎妈妈披上了一件白色短披风；第三天，又有两只黑蝎妈妈同时披上白色短披风。总共是四只。这比我所奢望的要多。有四个黑蝎家庭做伴，再加上几天的安静日子，我可以说是颇觉生活之甜蜜了。

特别是好运接踵（zhǒng）而至。当我一发现小的大口瓶中有了重大收获之后，我便立刻想到大玻璃笼子；我在思考朗格多克蝎是否会像黑蝎一样早熟。我顿生感悟，赶紧跑去查看。

笼中的二十五片瓦都翻开来了。大获丰收！我都一副老骨头了，但我此刻却立即觉着硬化的血管里有二十岁的年轻人的热流在涌动。在二十五块瓦片中的三块下面，我发现了有蝎妈妈带着自己全家。有一只的孩子们已经长大，有约一个星期大了，这是我后来连续观察才弄明白的；另外两只刚分娩不久，就在头一天的夜里，这从蝎妈妈的大肚子下面还精心地保留着一些残留物就可以看得出来。我们一会儿将要看一看这些残留物是怎么一回事。

七月逝去，八月、九月也过去了，我再没有收获到什么。因为，两种蝎子的生育期都在七月下旬。七月份过去之后，一切都结束了。然而，大玻璃笼子里面养的那些蝎子中，还有一些母蝎同已经给我生过蝎宝宝的母蝎一样，肚子大大的。我原指望它们能给我添人进口，因为种种表象都让我这么期盼着。冬天来了，它们中谁也没有满足我的愿望。看上去马上就要实现的事情却拖到了来年：这再次说明妊娠期很漫长，特别是在低等生物中，这种情况十分罕见。

我把每只母蝎及其蝎宝宝移到能够仔细观察的狭小的容器里。早晨我去查看时，发现头一天夜里分娩的那些蝎妈妈肚子下面又藏着一部分小宝宝。我用一根草尖把蝎妈妈拨开来，在那堆尚未爬上母亲脊背的小宝宝中我发现了一些东西，把我从书本上学到的有关这一问题的那一点点知识彻底地打翻了。据说，蝎子属于胎生，这种说法虽颇有学问但缺乏准确性。实际上蝎子宝宝并非一生下来就是我们所熟知的那个样子。

而这一点是讲得通的。如果小宝宝伸着钳子，张开爪子，蜷起尾巴，你让它怎么能够进入母蝎的通道呢？这种碍手碍脚的小宝宝永远也通不过母亲那狭窄的通道的。所以它出生时必须紧裹着，少占空间才行。

母蝎腹下发现的残留物确实是一些卵，一些与解剖妊娠很长时间的卵巢所见到的一模一样的卵。小宝宝紧缩成米粒状，以节省空间，尾巴贴在肚皮上，双钳回收胸前，足爪紧紧地贴于腰侧，这样一来，这椭圆形的小宝宝就可以顺顺当当地滑出来了。它额头上有墨黑的点，那是它的眼睛。小宝宝悬浮于一滴透明的液体中，此刻那液体就是它的天地，它的大气层，外面由一层精巧的薄膜包裹着。

那些残留物确实是一些卵。分娩刚结束时，朗格多克蝎有三四十个卵，而黑蝎的卵则要稍许少一些。我去查看时已经太晚了，只赶上个结尾。但是，所剩无几的卵也足以坚定我的看法。蝎子实际上是卵生的，只不过其卵孵化得非常之快，母蝎刚一产下卵来，小宝宝便破卵而出了。

那么，小宝宝是如何孵出的呢？我有得天独厚的特权目睹这个过程。我看见蝎妈妈用大颚尖小心翼翼地挑起卵的薄膜，把它撕破，扯下，然后把薄膜吞下。在给小宝宝剥胎衣时蝎妈妈倍加小心，犹如温柔慈爱地舔食胎衣的母羊和母猫。尽管工具很粗糙，但宝宝那细皮嫩肉上没有任何伤痕，也没伤筋动骨。

我简直是惊呆了：蝎子是最先把近乎我们人类的母爱传给自己的孩子的。远在植物区系那远古时代，第一只蝎子出现时，生儿育女的那份爱心就已经在酝酿之中了。如同休眠状态的种子的卵，如同当时爬行动物和鱼类已经拥有的、而不久之后又将为鸟类和几乎全部的昆虫所拥有的卵，已经是一种极其微妙的有机体的等同体了，已成为高等动物胎生现象的前兆了。生命的孵化已不在各种事物的危险重重的外部或内部进行，而是在母体的腰间腹下完成了。

生命的进化并非循序渐进的，并非从低级到高级，再从高级往最高级。进化是跳跃式的，有的时候是在进步，有的时候却是在倒退。大海有潮起潮落。生命也是一种大海，但是比大海更加高深莫测，它也有过潮起潮落。它还将会有潮起潮落吗？谁能说它有？谁又能说它没有？

如果母羊不想法儿用嘴唇把胎衣剥下并吞食掉，羊羔就永远无法从胎盘中出来。同样，蝎宝宝也要母亲的帮助。我就看见过一些蝎宝宝被黏膜黏住，在已经撕破了的卵囊中拼命地扭来扭去，怎么也挣脱不出来。必须有母亲的那一下牙咬才能让宝宝彻底解放。认为宝宝在解放的过程中也起着作用，那也是错误的。宝宝软弱无力，虽然它的出生袋子像洋葱片内壁的皮膜一样细薄，但它就是挣脱不开这层细薄的皮膜。

雏鸡喙尖上有一个临时的硬茧，供它破壳而出时啄壳用的。而蝎宝宝为了节省空间，是蜷缩成米粒状的，它死死地等待着外援。一切都得由蝎妈妈去完成。蝎妈妈努力地完成着自己的工作，分娩中附带排出的东西也全部被它清理掉，甚至包括那些随之而出的未受孕的卵也被清理干净了。一点儿碎衣破片都见不着了，全都回到蝎妈妈的胃里去了，而产卵时占用的那块地方也都干干净净的。

蝎宝宝现在一个个被收拾得干干净净，欢蹦乱跳的。它们通体雪白。从头至尾，朗格多克蝎长九毫米，黑蝎长四毫米。随着产后清洗完毕，蝎宝宝们一个一个地往蝎妈妈背脊上爬去。它们沿着妈妈的双钳缓缓地往上爬。蝎妈妈把双钳贴地，以利于宝宝们攀登。宝宝们一个个紧紧挨挤着聚在一起，并无队形，却在妈妈背上留下了一条覆盖层。它们凭借自己的小细爪子牢牢地攀附在上面。我用毛笔尖把它们扫下来而又不想碰伤这些细皮嫩肉的小家伙，还颇费了些工夫哩。蝎妈妈背着小宝宝们时，双方谁都一动不动，这正是进行实验的好时机。

身披蝎宝宝们组成的白色短披风的蝎妈妈是值得关注的一景。蝎妈妈一动不动，尾巴高高地翘卷起来。如果我把一根麦秸移近蝎子一家，蝎妈妈立即恶狠狠地竖起双钳，这种凶相只有在自卫时才显现出来。它竖起双臂做拳击状，钳子大张着，随时准备还击。它的尾巴翘着，挥动着，这在平时是难得一见

的；尾巴不能突然放平，否则会带动背脊，也许会把背上的小宝宝们甩下一些来。拳头竖起就足以威胁敌人的了，那架势既勇猛，又突然，又威武。

我对此并不觉得好奇。我拨弄下来一个小宝宝，把它移至其母面前，离开有一指宽的距离。蝎妈妈好像并不在意这个事故；它原先一动不动，现在仍纹丝不动。掉下去几个小家伙有什么可大惊小怪的？小家伙会自己想法摆脱困境的。掉下去的小蝎子举手蹬腿，紧张焦急，然后，突然发现妈妈的一只钳子就在自己面前，于是，便迅速爬上去，回到了兄弟姐妹们的中间。它就又骑到妈妈身上，但动作笨拙得要死，与狼蛛的孩子们相去甚远，后者一个个都是高空杂技的好手。

实验又开始了，规模更大。这一次我拨弄下来一部分小蝎子，小家伙们散落一地，但相距并不太远。它们迟疑不决了挺长一会儿时间。正当它们不知如何是好，在转来转去的时候，蝎妈妈终于害怕会有不测了。它用我称之为胳膊的两只钳式触角合抱成半圆，搂住自己面前的沙子，把迷途的孩子们搂到自己的面前来。它干这种活儿时笨手笨脚，做得很粗糙鲁莽，根本没考虑会不会把宝宝们给压碎了。母鸡轻轻一声召唤，跑开去的鸡雏们就立即回到自己的怀前膝下；母蝎却是用耙子一耙，把孩子们给耙回面前来的。但是，掉下去的小蝎子们全都安然无恙。它们一回到妈妈面前，便立即往它身上爬去，又聚集在妈妈的脊背上了。

即使并非自己的孩子，蝎妈妈也会像是对待自己亲生子女似的接纳它们。如果我用毛笔尖把一只蝎妈妈背上的蝎宝宝全部或部分地扫下来，弄到另一只蝎妈妈伸手可及的地方，后者也会把它们耙到自己面前，如同对待自己的亲生儿女似的，而且心甘情愿地让这些新来的小宝宝爬到自己的背上去。它好像把它们"收养"下来了，如果"收养"一词不算过分野心勃勃的话。"收养"谈不上，那是狼蛛的事，因为它分不清自己的孩子和别人家的孩子，所以凡是在自己爪子前面爬动的小狼蛛它都全部接受下来。

我经常看到在地中海一带的常绿灌木丛中有母狼蛛背驮着小狼蛛们在散步，我一直也期盼着看到母蝎也这样驮着小蝎子们溜达。然而，母蝎并不了解这种消遣方法。一旦当了妈妈，母蝎有一段时间就不再外出了，即使晚上，其他人都外出嬉耍的时候，它也不出门。它把自己禁锢在自己的小屋里，不吃不喝，一心想着抚养子女。

小宝宝们也确实弱不禁风：可以说它们必须经历第二次出生。它们正一动不动地在准备着第二次诞生，它们对此已经熟悉，就像由幼虫蜕变为成虫一样。尽管小蝎与成年蝎外貌挺相像，但轮廓线条却不够清晰，仿佛是透过雾气看到的似的。我怀疑它们得脱去身上的衣服才能变得矫健，变得威武。

它们这第二次出生必须一动不动地待在母蝎背上一个星期。这时，"弃皮"（我不敢称之为"蜕皮"）完成了。之所以称之为"弃皮"，是因为这与真正的蜕皮有所不同，真正的蜕皮以后还要经历许多次的。真正意义上的那几次蜕皮，是在胸廓上裂开一道缝，成虫从这唯一的一道裂缝中脱颖而出，把原先的空壳旧衣裳扔掉。这空壳的形状与刚从中爬出来的蝎子一模一样，二者惟妙惟肖，难分伯仲。

我们现在所看到的则完全是另一码事。我在一块玻璃片上放上几只正在弃皮的小蝎子。它们一动不动地待着，好像颇受煎熬，几乎支持不住了。外皮破裂，无特殊的破裂线，是同时在左右前后破裂的；足爪从护腿套中伸出，双钳抛开护手甲，尾巴抽出尾鞘。浑身的碎皮同时纷纷落下，像一堆破衣烂衫。

这是一种杂乱无章的斑驳脱落。这之后，小蝎才有了蝎子的正常外貌。此外，它们的行动也敏捷灵活了。尽管仍旧呈苍白色，但它们已蹦跳自如，急忙下地，跑到蝎妈妈跟前跑动，玩耍。最让人惊讶的进步是它们突然间长大了。朗格多克蝎的小蝎子通常身长九毫米，可它们现在就已经有十四毫米长了。黑蝎的小蝎身长从四毫米达到六七毫米。身长增加了半倍，体积增加了将近两倍。

在对这种突然增长感到惊讶之余，我就在寻思这种突然增长的原因何在，因为小蝎子尚未吃过任何食物。体重却并未增长，反而下降了，因为扔掉了一层外皮。体积增大，但质量未增。因此，这是产生了一种一定程度的膨胀，与热处理的毛坯物体的膨胀相仿。体内产生了一种变化，把生命分子聚集成空间更大的结构体，所以虽无新的物质加入，体积却增大了。我想，谁如果有极大的耐心并配备有一套合适的器械，就能够观察到这种结构的急速变化，从而获得某些有价值的材料。我才疏学浅，无此能耐，我把这道难题留给他人吧。

小蝎弃掉的外皮是一些白色条状物，一些上了光似的碎布片，它们并不掉落地上，而是紧贴在蝎妈妈的背部，特别是附着在足爪根部附近，缠成一块柔软的毯子，刚弃皮的小蝎子就栖息其上。坐骑现在已披上马衣，骑手们坐在马上无须害怕身体摇晃。这层破衣烂衫做成的结实鞍辔（pèi）为骑手们提供了把手足镫，任由它们上上下下，动作敏捷灵活。

当我用毛笔轻轻一拨，小蝎子们便纷纷落马，好玩的是它们又非常迅速地纵身上马，稳坐其上。它们抓住马衣垂绦，尾巴做杆，纵身一跃，上得马来。这种奇异的马衣是真正的攀登绳梯，方便了小蝎子们迅速上马。马衣很结实，不会破裂，差不多可以使用一个星期，也就是说用到小蝎脱离蝎妈妈的保护为止。

这时，小蝎体色显现：肚腹和尾巴染上了金黄，钳子呈半透明的琥珀色的晶莹。青春使一切变得美丽，小朗格多克蝎确确实实非常美丽动人。如果它们一直像现在这种样子的话，如果它们不很快就配备上咄咄逼人的毒刺的话，它们就会是稀罕宠物，大家都会乐意喂养它们的。它们心中很快便升起了摆脱母亲监护的强烈愿望。它们很乐意爬下母亲的脊背，在附近疯玩乱耍。如果它们跑得太远，蝎妈妈便要呵斥它们，用双臂耙在沙土上划拉，把它们聚拢起来。

在小憩之时，蝎妈妈与宝宝们的那副架势犹如母鸡带着鸡雏们憩息一样。大多数小蝎子都在地上，紧挨着蝎妈妈；有几只待在白马衣那舒适的坐垫上。有的小蝎子在蝎妈妈尾巴上爬高，攀上螺旋峰的高处，像是在饶有兴趣地居高临下地观看脚下的小蝎子群。突然间，又有新的杂技演员登场，把它们赶下高峰，取而代之。每个小蝎子都想看看这观景台到底是怎么回事。

大部分家庭成员都围在蝎妈妈的身边；一个个不停地拱动着，钻在妈妈肚子底下，蜷缩着，额头露在外面，两只小黑眼睛闪烁着。最爱动弹的小家伙则喜欢妈妈的足爪，那是它们的体育器材，在上面做高空杂技训练。然后，歇下来时，大家便又往妈妈背脊上爬去，找好位置，坐定下来，不再动弹，妈妈及孩子们全都不动了。

小蝎子成熟和准备离开妈妈的监护的这个时期持续一个星期，正好是不进食体积扩大两倍那奇特增长期的时间。一窝小蝎子待在蝎妈妈背上半个来月。母狼蛛驮着自己的小宝宝们长达六七个月，而小宝宝们虽然不吃不喝，却精神头儿十足，动弹个不停。蝎妈妈的小宝宝们至少在获得新生与灵活的蜕变之后，要吃点什么呢？蝎妈妈是否会邀请它们与它一道用餐？它是不是给它们留着自己的美食中更软嫩的佳肴？蝎妈妈谁也不邀请，它什么也没留着。

我给蝎妈妈放进一只蚱蜢，是我从我觉得适合小蝎子们的稚嫩的胃的小野味中挑选出来的。当母蝎毫不关顾自己的孩子们，自己独个儿地在细嚼慢咽那只蚱蜢时，一只小蝎子从其背上爬下来，伸出头去往下探看，想弄明白妈妈在干什么。它用爪尖触及妈妈的下颌；突然，它吓得连忙后退。它走开了，这是明智之举。正在津津有味地咀嚼的妈妈根本不会给它留下一口的，也许反倒会一把抓住它，毫不心疼地把它吞食掉。

蝎妈妈在吃蚱蜢脑袋，又一只小蝎子已经吊在了蚱蜢的尾部。小蝎子在轻咬轻拽蚱蜢，想吃上一点儿。最后，它未能如愿，因为这个部位太硬了。

我也见过一些这样的情景：如果蝎妈妈稍加关心，给小宝宝们一点儿吃的，那小宝宝们会很高兴享受一下的，特别是给的食物很适合它们那稚嫩的胃的话，然而，蝎妈妈只顾自个儿吃，其他的一概不管。

啊，我那让我度过美妙时刻的漂亮的小宝宝们哪，你们可怎么办呢？你们是想离家出走，去远处寻觅一些很不起眼的小虫子。我从你们在焦急地乱窜便看出这一点来了。你们要逃离自己的母亲，而它也不再认你们了。你们长得已很健壮，是该各奔东西了。

如果我十分了解你们适合吃什么样的小活食，如果我时间充裕，可以为你们去寻找，我会很高兴地继续喂养你们的，但不是把你们继续养在你们出生的玻璃笼子里的瓦片下，跟大人们混在一起。我了解那些老家伙，它们容不下别人。那些老妖怪会把你们吃掉的，我的小宝宝们。甚至你们的母亲们也不会放过你们的。在你们母亲们的眼里，从今往后，你们就被视作陌路人了。来年，婚俗季节，你们的嫉妒成性的母亲们在干完好事之后，就会把你们吃掉的。该离去了，小宝宝们，三十六计走为上。

否则，我让你们住在哪儿？怎么喂养你们？我们最好还是分手吧！尽管我心中不免有点儿惆怅。过几天，我把你们送到你们的领地撒放出去，就是那个多石的山坡地，那里太阳可暖和啦。你们在那儿会找到一些伴儿的，它们同你们一样刚刚开始成长，但它们已经在自己的小石块下独立生活了，那些小石块有时只有指甲盖儿那么点儿大。在那里，你们比在我家里更能学会如何为生存而进行艰难的抗争。

朗格多克蝎

这种蝎子沉默不语，其习性蒙着神秘色彩，与之接触无趣味可言，因此除了通过解剖所得到的一些资料而外，对它的历史几乎一无所知。老师们的解剖刀向我揭示了它的机体结构，但是，据我所知，还没有任何一位观察者打定主意要持之以恒地研究它的隐秘习性。用酒精浸泡后开膛破肚的朗格多克蝎已清楚地为人所知，但是它在其本能范围内的活动情况却几乎鲜为人知。在节肢动物中，没有谁比它更应当就生物学方面详加介绍的了。世世代代以来，它都让平民百姓浮想联翩，竟至成为黄道十二宫的标志中的一个。卢克莱修曾说："恐惧造就神明。"蝎子通过恐惧让人们给神化了，被尊为天上的一个星座，而且成为历书上十月的象征。我们试试让蝎子开口讲话。

在安排蝎子的住宿问题之前，我们先给它们做一个简单的体貌特征的描述。普通的黑蝎在南欧许多地方都有，大家都很熟悉。它经常出没于我们住处附近的阴暗角落。一到秋天阴天下雨的日子，它便钻进我们家中，有时候还钻进我们的被子里来。这可恶的昆虫给我们造成的不仅是疼痛，更是恐惧。尽管我现在的住宅中就有不少的黑蝎，但我观察时倒并没有什么意外伤害。这种恶名很大但又很可悲的昆虫更多的是让人厌恶而非危险。

朗格多克蝎生活在地中海沿岸各省，人们对它害怕有余而了解不足。它们并不骚扰我们的住处，而是躲得远远的，藏于荒僻地区。与黑蝎相比，朗格多克蝎可谓一个巨人，发育完全时，身长可达八九厘米。其色泽呈干麦秸的那种金黄。

它的尾巴——实际上就是它的肚腹——系五节相连的状如酒桶的棱柱体，相互间由桶底板连接，形成粗细相同、错落有致的棱状条条，好似一串珍珠。这同样的纹络还遮盖着那举着大钳的大小臂膀，并把臂膀分割成一些条形磨面。还有一些纹路弯弯曲曲地分布在脊背上，好似其护胸甲接合部的绲边，而且是轧花绲边。这些凸出的小颗粒透出了盔甲那粗野厚重的架势，那也是朗格多克蝎的性格特征，就好像这个昆虫是用闪闪刀光砍削出来的似的。

尾端还有一个第六节体，表面光滑，呈泡状，是制作并存储毒汁的小葫芦。蝎毒外表看上去好似水一般，但毒性极强。毒腔终端是一个弯弯的螫针，色暗，尖利。针尖不远处有一细小的孔，用放大镜方能隐约瞥见，毒汁从这细孔流出，渗进被尖头刺破的对方伤口。螫针既硬又尖，我用指头捏住整针，让它扎一张硬纸片，它就像缝衣针扎衣服似的容易。

螫针弯曲度很大，当尾巴平放伸直时，针尖是冲下的。要使用这件兵器时，蝎子就必须把它抬起来，反转过来，从下往上刺出去。这其实是它一成不变的攻击术。蝎尾反卷在背部，突然伸直，攻击被钳子夹住的对手。另外，蝎子平时几乎总是这种姿态，无论是在走动还是在歇息，尾巴都卷贴在背上。尾巴平拖在地上的情况十分罕见。

蝎钳从口中伸出，宛如螯似的大钳子，既是战斗的武器，又是获取信息的器官。蝎子往前爬时，便将钳子前伸，钳上的双指张开着，以了解和对付所遇到的东西。如果必须刺杀对手的话，双钳便先镇住对方，让对方吓得动弹不了，然后螯针从背部伸出来攻击。最后，如果需要长时间地撕咬猎物的话，那对钳子便当作手来使用，把猎物抓送到嘴里。它们从未被当作行走、固定或挖掘的工具使用过。

双钳等于是起着真正的爪子的作用。它们好像是被突然截断的指头，指尖生出几只可以活动的弯爪尖，其对面还竖着一根细而短的爪尖尖，几乎可以起到拇指的作用。那张小脸上长着一圈粗糙的睫毛。身体各部件组合而成一个绝妙的攀缘器，这就充分说明蝎子为什么能够在我的钟形罩网纱上爬来爬去，能够久久地仰着身子长时间地停在罩顶上，能够拖着沉重而笨拙的身子沿着垂直的罩壁攀上爬下。

蝎子身下，紧随爪子之后的是像梳子似的东西，那是奇特的器官，是蝎子独有的采邑（yì）❶。梳子的名称源自其结构。它们是一长排的小薄片，相互紧密地排列着，犹如我们日常所用的梳子的排齿。解剖学者们怀疑它们是一部齿轮机，旨在雌雄交尾时双方紧连在一起。为了仔细观察它们亲热时的习俗，我把提到的朗格多克蝎关在有玻璃壁板的大笼子里，并放进一些大陶片块，让它们作为藏身之用。它们一共是十二对。

四月里，当燕子飞来，布谷鸟初鸣时，我的那些此前一直平静地生活着的蝎子掀起了一场革命。在我的花园露天地安置的昆虫小镇子里，不少的蝎子跑出去做夜间朝圣了，而且一去不复返。更加严重的是，在同一块砖头下面，我多次发现两只蝎子待在里面，一只在吞吃另一只。这是不是同类间打家劫舍的案子？美好季节开始了，生性好游荡的蝎子们冒失地闯进邻

注释 ❶ 采邑：亦称"采地"或"封地"。

居家中，因为体弱而被对方吞食，丢了性命？几乎很像是这么一个原因，因为闯入者被慢慢地吃了一整天，就像是被捉住的一个猎物似的。

那么，这就值得警惕了。被吃掉的，无一例外，全是中等个头儿的蝎子。它们体色更加金黄，肚腹稍小，证明是雄蝎，而且被吃的总是雄性。其他的那些蝎子体形要大，肚子滚圆，稍有点儿带暗色，它们的死并不像这么惨。那么，这儿发生的可能并不是邻里之间的斗殴，不是因为太喜欢独居而对任何来访者怀有敌意，随即把它吃掉，以此作为对任何冒失鬼的彻底的解决办法，而是婚俗的成规使然，在交尾之后由女方残忍地把男方干掉完事。

春回大地，我已事先准备好了一个宽敞的玻璃笼子，放了二十五只蝎子，每只蝎子一片瓦。一月到四月中旬，每天晚上，夜幕降临之后，七点至九点之间，玻璃宫中便闹腾开来。白天似乎像是荒漠，此刻却变成了欢乐的景象。刚一吃完晚饭，我们全家便奔向玻璃笼子。我们把一盏提灯挂在笼子前面，便可看见事件的全过程了。

我们经过一天的繁乱之后，现在有好的消遣了。眼前的是一场好戏。在这出由天真的演员表演的戏中，一招一式都极其有趣，以至刚把提灯点亮，我们全家老少全都在池座就座了，连爱犬汤姆也前来观看。不过，汤姆对蝎子的事并不关心，坦然地躺在我们面前打盹儿，只是一只眼睛闭着，另一只眼睛始终睁着，盯住它的朋友——我的孩子们。

让我想法儿给读者们描述一下所发生的事情。靠近玻璃壁板的提灯照得不太亮的那个区域，很快便聚集起不少的蝎子来。其他所有的地方，这儿那儿地游荡着一些孤独者，它们被亮光吸引，离开暗处，奔向光明的欢乐处。夜蛾子扑向灯火的场面也不如它们那么兴冲冲地。后来者混入先前的那些蝎子中去了，而另一些因懒于争抢，退到暗处，歇息片刻，然后激情满怀地回到舞台上去。

这个纷乱狂热的可怕场面犹如一场狂欢舞会，颇为引人入胜。有一些从老远跑来，它们端庄严肃地从暗处爬出来，突然像滑行似的迅疾而轻快地冲向亮处的蝎子群。它们的灵活劲儿犹如碎步疾走的小耗子。蝎子们在相互寻找着，但指尖稍一接触便像是彼此都被烫着了似的赶紧逃走。另有一些与同伴稍稍抱滚在一起，又赶紧分开，茫然不知所措，跑到暗处稳一稳神儿，又卷土重来。

不时地会有一阵激烈的喧闹：爪子相互缠绕，钳子又抓又夹，尾巴你钩我击，不知是威吓还是爱抚，谁也弄不清楚。在混乱之中，找到一个合适的视觉，就可以发现一对对的小亮点，像红宝石似的在闪烁。你会以为那是闪闪发光的眼睛，实际上那是两个小棱面，像反光镜似的光亮，长在蝎子的头上。蝎子们无论大小胖瘦全都参加了混战，那就像是一场你死我活的战斗，一场大屠杀，然而那却是一场疯狂的嬉戏。那就像是小猫咪们扭缠在一起一样。不一会儿，大家四散开来，每一只蝎子都在向自己的方向蹿去，没有丝毫的伤痕，没有一点儿伤筋动骨。

现在，四散而去的逃跑者们又聚集到灯光前面来。它们爬过来荡过去，离开了又回来，常常是头撞头脸碰脸的。最性急的常常从别人的背上爬过去，后者只是动动屁股算是在抗议。现在还没到大打出手的时候，顶多只是两人相遇，扇个小耳光罢了，也就是说用尾巴拍打一下而已。在蝎子群中，这种不使用毒针的敲敲打打是它们常见的拳击方式。

还有比爪子相缠、尾巴互击更精彩的——有的时候，会有一种极其新颖别致的打斗架势。两强相遇，头顶头，双钳回收，后身竖起，来个大倒立，以致胸脯上的八个呼吸小气囊全部展现。这时，它俩垂直竖立的尾巴相互磨蹭，上下滑动，而两个尾梢相互微微钩住，并多次反复地钩住，解开，解开，钩住。突然间，这友谊的金字塔坍塌了，双方便没有任何寒暄地急匆匆溜掉。

这两位摆出新颖别致的姿势意欲何为？是不是两个情敌在肉搏？看来不是，因为二人相遇时并非怒目而视。我从随后的观察中得知，它俩这是在眉目传情，私订终身。蝎子倒立起来是在倾吐自己的热情爱恋。

如果继续像我刚开始的那样，逐日观察并把逐日积累的材料汇集在一起，是会有益处的，而且叙述起来也比较快，但是，这么一来，那各有特色且难以融会贯通的一幕幕细节就省略掉了，叙述的趣味性也就丧失了。在介绍如此奇特而且又鲜为人知的昆虫习性时，什么都不应该忽略不提。最好是参照编年法，并把观察到的新情况分段叙述出来，尽管这样做有重复累赘之嫌。从这种无序必然产生有序，因为每天晚上的那些引人入胜的情况都能提供一种联系，对先前的情况予以验证与补充。我现在就进行抽样叙述。

1904 年 4 月 25 日

啊！那是怎么了？我还从未曾见过。我一直没放松警惕，但这还是头一回让我亲眼看到了这番情景。两只蝎子面对面，钳子伸出，钳指互夹。这是友好的握手，而非搏杀的前奏，因为双方都以最平和友善的态度对待对方。这是一雌一雄的两只蝎子。一个肚子大，颜色发暗，是雌蝎；另一只相对瘦小，色泽苍白，是雄蝎。它俩都把长尾卷成漂亮的螺旋花形，有板有眼地在沿着玻璃墙边踱着步。雄蝎在前倒退着走，步伐平稳，根本不像是拖不动对方的样子。雌蝎被抓住爪尖，与雄蝎面对面，驯服地跟着走。

它们走走停停，但始终这么绞在一起。它们歇歇停停，然后又走动起来，忽而从这儿走，忽而从那儿走，从围墙的一头转到另一头。看不出它们到底要走到哪里去。它们闲逛着，开始发情，眉来眼去的。此情此景让我想到在我们村镇，每个星期日晚祷之后，年轻人一对一对地手挽手、肩搂肩地沿着藩篱墙散步。

它们常常掉转回头。总是雄蝎在决定往哪个方向走。雄蝎没有松开对方的手，亲切地转个半圆，与雌蝎肩并着肩。这时候，雄蝎展开尾巴轻轻抚摩雌蝎片刻。雌蝎一动不动，声色不露。

我一直兴趣不减地观察着这没完没了的来去往返，足足有一个钟头。家中有人帮我一起观察这番奇情妙景，世上还没有人见过这种场面，至少是没有以善于观察的目光看过这种表演。尽管天色已晚，而我们又是习惯早睡的，但是我们始终注意力高度集中，一点儿重要情节都没有逃过我们的眼睛。

最后，十点钟光景，雌雄要有结果了。雄蝎爬到一片它觉得合适的瓦片上，松开雌蝎的一只手，只松了一只手，而另一只手却仍旧紧攥着不放，用松开的一只手扒一扒，用尾巴扫一扫。一个洞口张开来了。雄蝎钻了进去，然后，一点一点地，轻而又轻地把在耐心等待着的雌蝎拉进洞内。不一会儿，它们便不见了踪影，一块沙土垫子把洞门封上，这对情侣入了洞房。

打扰它俩的好事是愚蠢的；我如果想要马上看到洞内所发生的情况的话，那就可能操之过急，不合时宜。耳鬓厮磨，准备入港也许就要持续个大半夜，而我已年近八旬，熬长夜已开始让我力不能支。双腿酸痛，眼睛发涩，先去睡上一觉再说吧。

我整整一宿都梦见蝎子。我梦见它们钻进被窝，爬到我脸上，但我并没太惊恐不安，因为我脑子里满是蝎子的奇情异事。第二天，天一亮，我便去揭开那块瓦片。只有雌蝎独自待在那儿。雄蝎没了踪影，那个洞里没有，附近也没见。这是我的第一个失望，后面的失望大概会一个接一个的。

5月10日

已是晚上将近七点钟的时候，天上乌云翻滚，大雨将至。在玻璃笼子的一块瓦片下面，有一对蝎子正脸朝脸，手指钩住手指，一动不动地待着。我小心翼翼地揭开瓦片，让这对居民暴露出来，我好随意观察它俩这种脸对脸后的一举一动。天渐渐地黑下来，我觉得不会有什么去搅扰没了屋顶的住所的安宁的。倾盆大雨哗哗泻下，我只好抽身回屋避雨。蝎子们有玻璃笼子防护，无惧雨之袭击。它们的凹室被揭去华盖，就这么被弃之于那儿干其好事，那它们将如何操作呢？

一小时过后，大雨停了，我又回到蝎子笼前。它俩走了。它俩选了旁边的一所有瓦顶的屋子住下了。雌蝎在外面等待着，而雄蝎则在里面布置新房，但指头仍旧钩着。家中人每十分钟替换一次，免得错过我觉得随时都会进行的交尾。但这么紧张一点儿用也没有。将近八点钟时，天已经完全黑透了，这对蝎子由于不满意所选的新房，开始踏上朝圣之路，仍旧是手钩着手，往别处寻觅去。雄蝎倒退着引导方向，选择自己合意的住所；雌蝎则跟随着，温驯服帖。这和我4月25日所看到的一模一样。

终于找到了它俩都中意的瓦屋。雄蝎先闯进去，但这一次它的两只手一会儿都没有松开自己的情侣。它用尾巴这么三扫两划拉，新房便准备停当。雌蝎被雄蝎轻柔和缓地拉着，随其向导之后也进了洞房。

两个钟头过去了，我满以为已经给了它俩足够的时间完成其准备，干成好事，便前去查看。我揭开瓦片。它俩就在里面，仍旧原先的姿势，脸对脸，手拉手。今天看上去是没再多的花样儿可看的了。

第二天，依然未见新鲜玩意儿。一个面对另一个，都若有所思的样子，爪子全都没有动弹，手指仍旧钩住，在瓦顶下继续那没完没了的含情脉脉。日影西斜，暮色已近，经过这么二十四个钟头的你我紧密相连之后，这对情侣总算分手了。雄蝎离开了瓦屋，雌蝎仍留在其中，好事未见一丝进展。

这场戏中有两个情况必须记住。其一，一对情侣相亲相爱地散步之后，必须有一个隐蔽而安静的住所。在露天地里，在熙熙攘攘的环境中，在众目睽睽之下，这等好事是永远也做不成的。屋瓦揭去，无论白天还是黑夜，无论如何小心谨慎，情侣们似乎思考良久，还是离开原地，另觅新居。其二，在瓦屋中停留的时间是很长很长的，我们刚才已经看到，都等了二十四个小时了，但仍未见到决定的一幕。

5 月 12 日

今晚这一幕将告诉我们些什么？天气闷热，无风，很适合于夜间的幽会发情。两只蝎子已经成双配对，但我并未看见它俩是怎么勾搭上的。这一次，雄蝎体形比肚大腰圆的雌蝎要小得多。但雄蝎却是雄风不减。像约定俗成似的，雄蝎倒退着，尾巴卷成喇叭状，领着胖雌蝎在玻璃墙边悠然散步。它们转了一圈又一圈，忽而是向同一方向转圈，忽而回过去转圈。

它们常常停下歇息。停下时，二人头碰头，一个稍偏左，另一个稍偏右，仿佛是在交头接耳，窃窃私语。前头的小爪子磨蹭着，想轻抚对方。它俩在说些什么？那无言的海誓山盟怎么才能翻译出来？

　　我们全家都跑过来看这种奇特的勾搭景象，而且，我们的在场丝毫没有影响它们。那景象让人看着颇有情趣，这么说毫不夸张。在提灯的光亮下，它俩好像嵌在一块黄色琥珀之中的半透明的、光亮的物体。它们长臂前伸，长尾卷成可爱的螺旋形，动作轻柔，一步一步地开始长途跋涉了。

　　什么也没有打扰它们。如果有这么一个流浪汉晚间纳凉，正像它俩一样沿着墙边漫步，与它俩途中相遇，它知道它俩是准备干风流勾当，便会闪在一边，让它俩过去。最后，一处瓦片隐蔽所收留了它俩，于是，不言而喻，雄蝎首先倒退着走进去。时间已是晚上九点钟了。

　　随着这晚间的田园诗之后的是夜间的惨不忍睹的悲剧。第二天早晨，雌蝎仍在头一天晚上的那片瓦屋内，而瘦小的雄蝎就在其身旁，但已被雌蝎吞食了一部分。它的头、一只钳子、一对爪子没有了。我把这具残尸放在瓦屋门口。整整一个白天，隐居的雌蝎没有动过它。夜色重（chóng）又浓重时，雌蝎出来了，在门口遇上死者，把死者拖至远处，以便隆重安排葬礼，也就是说把死者吃个干净。

　　这个同类相食的情况与去年我在昆虫小镇上所看到的情景完全一致。当时，我随时都能发现一只胖乎乎的雌蝎在石块下面津津有味地像吃大餐似的把自己的夜间伴侣给吃掉。当时我就在猜想，雄蝎一旦干完好事之后不及时抽身的话，必定被雌蝎或全部或部分地吃掉，这要看雌蝎当时的食欲如何。现在，事实就摆在我的面前，我的猜想一语成谶（chèn）。昨天我看见这对情侣在散步中充分准备之后双双入了洞房，可今天早晨，我跑去看时，在同一块瓦片下面，新娘正在消受自己的新郎哩。

　　毫无疑问，那不幸的雄蝎已经一命呜呼了。但是，由于繁

衍之需要，雌蝎不会把雄蝎全吃掉的。昨夜的这对情侣处事干净利落，可我还看见其他的一些情侣时针都转了两圈儿了，可它们仍在耳鬓厮磨、卿卿我我的。一些无法确定的环境因素，诸如气压、气温、个体激情的差异等，会大大地加速或延缓交尾高潮的到来。而这也正是巨大困难之所在，使得一心想要了解至今仍未能为人所知的爪梳的作用的观察者，难以准确无误地捕捉时机。

5 月 14 日

肯定不是饥饿每天晚上都在使我的蝎子们激动不已的。它们每晚狂欢劲舞与寻找食物毫不搭界。我刚往那些忙忙碌碌的蝎群扔进花色繁多的食物，都是从看样子很对其胃口的食物中挑选的，其中有幼蝗虫的嫩肉段，有比一般蝗虫肉厚肥美的小飞蝗，有截去翅膀的尺蛾。天渐渐暖和时，我还捉一些蜻蜓来喂它们，那是蝎子极爱吃的食物，我还把同样受它们欢迎的蚁蛉（líng）也捉来喂它们，以前我曾在蝎子窝里发现过蚁蛉的残渣、翅膀。

对这么多高级野味，蝎子却不为所动，谁都对之不屑一顾。在混乱的笼子里，小飞蝗在蹦跳，尺蛾以残翅拍打地面，蜻蜓在瑟瑟发抖，但蝎子们从这些野味身旁走过时并不注意它们。蝎子们踩踏它们，撞倒它们，用尾巴把它们扒拉开，总而言之，蝎子们不需要它们，绝对地不需要。它们有别的事情要去忙。

几乎所有的蝎子都在沿着玻璃墙行走。有一些固执者试着在往高处爬，它们用尾巴支撑身子，一滑便倒下来，然后又在别处试着往上爬。它们伸出拳头击打玻璃墙；它们拼死拼活地非要抢在前头。不过，这个玻璃公园挺宽敞的，人人都有地方待着；小径一条又一条，足可供大家久久地散步。这它们不管，它们要往远处去游荡。如果它们获得自由，它们会散布在四面八方。去年，也是这个季节，笼中的蝎子离开了昆虫小镇，我也就再没有见到过它们。

春天交配期要求它们出游。此前一直形单影只地生活着的它们现在要抛开自己的囚牢，去完成爱情朝圣，它们不在乎吃喝，一心只想着去寻找自己的同胞。在它们的领地的砖石堆里，大概也会有一些可以幽会、可以聚集的优选之地。如果我不担心夜间在它们的乱石冈上摔折腿的话，我还真想去看看它们在自由的温馨甜蜜之中的男欢女爱哩。它们在光秃的山坡上干些什么？看上去与在玻璃笼内干的没什么不同。雄蝎选好一位新娘之后，便手牵手地领着新娘穿行于薰衣草丛中，悠然漫步。如果说它们在那儿享受不到我昏暗小灯的暗光的话，它们却有月光那无可比拟的提灯为之照亮。

5 月 20 日

并不是每天晚上都能看到雄蝎邀请雌蝎散步的开头情景。许多蝎子从各自的瓦屋下出来时都已经成双成对的了。它们就这么手牵着手地度过整个的白昼，一动不动，面面相对，沉思默想。夜晚来临，它们仍不分开，沿着玻璃笼边重又开始头天晚上，甚至更早就开始的散步。我不知道它们是何时和怎样结合在一起的。有一些是在偏僻小道上偶然相遇的，而我们又很难观察到这一点。当我隐约发现它们时，为时已晚，它们已结伴而行了。

今天，我的运气来了。在我的眼前，提灯照得最亮的地方，一对情侣已结合成了。一只喜形于色、生龙活虎的雄蝎在蝎群中横冲直撞，一下子便同一个它中意的过路雌蝎面对面了。后者没有拒绝，好事也就成了。

　　它俩头碰头，钳子撑着地，尾巴在大幅度地摆动着，然后，尾巴竖直，尾梢相互钩住，温柔亲切地相互抚摩。这对情侣在拿头顶，其方法我们前面已经叙述过了。不一会儿，竖起的尾巴架拆散了；它们的钳指仍旧钩着，没翻其他花样，就这么上路了。金字塔形姿势完全是双双出行的前奏曲。这种姿势说实在的并非罕见，两只同性蝎子相遇也会如此，但同性间的这种姿势没有异性间的正规，特别是不那么郑重其事。同性搭建金字塔时动作急躁，并非友爱的撩拨，其两尾是在互相击打而非彼此抚爱。

　　我们稍稍跟踪一番那只雄蝎。它在急匆匆地往后退，对征服了对方充满着扬扬得意。它遇到其他的一些雌蝎，它们都好奇地，也许是嫉妒地列于两旁，看着这对情侣走过。其中有一只雌蝎猛地扑向被牵拉着的新娘，用爪子箍紧它，想竭力地拆散这对鸳鸯。那雄蝎拼命地抵抗那个进攻者的巨大拖拽力，它使劲儿地摇晃，拼命地拉拽，但都未能奏效。它终于放弃了，对这个意外事件并不感到遗憾。旁边就有一只雌蝎等着。这一次，它随便商谈几句，三下五除二地就把事情办妥了，它拉住这个新雌蝎的手，邀它一同散步。后者不干，挣脱开来，逃之夭夭。

　　那队雌蝎中，又有一只被这只雄蝎相中了，于是它又采取了同样的开门见山的方法。这只雌蝎答应了，但是这并不能说明半路上它就不会逃离这个雄性勾引者。对于年轻的雄蝎来说这有什么大不了的！走了一个，还有许多其他的在等着。那它到底要什么样的呢？要第一个投入怀抱的。

　　这第一个投入怀抱者，它找到了，它正领着它的被征服者散步哩。雄蝎走到了明亮区域。如果对方拒绝往前走，它就拼命地又摇又拉；如果对方温驯服帖，它就温文尔雅。它常常停下歇息，有时候歇息得还挺长。

这时，雄性在进行一些奇怪的操练。它把双钳——更好地说是双臂——收回，然后又直伸出去，强迫雌蝎也交替地做这种动作。它俩变成了一个节肢拉杆机械，形成不断启合的状态。这种灵活性训练结束之后，机械拉杆便静止不动，僵持住了。

现在，它俩额头相触；两张嘴相互贴在一起，耳鬓厮磨。这种抚摩亲昵就是我们的接吻和拥抱。只是我不敢这么说而已，因为它们没有头、脸、嘴唇、面颊。仿佛被截肢剪一刀剪去了似的，蝎子甚至都没有鼻子尖。在应该是面庞的部位，它们长的却都是一些丑陋的颌骨平板。

但此时此刻却是蝎子最美好的时刻！它用自己那比其他爪子更敏感、更娇嫩的前爪轻拍着雌蝎的丑脸，可在雄蝎眼里，那可是最美丽最甜润的面庞。它心痒难熬地轻轻咬着，用下颌搔弄对方那同样奇丑无比的嘴。这是温情与天真的最高境界。据说鸽子发明了亲吻，可我却知道早于鸽子的发明者：蝎子。

雌蝎任随雄蝎轻薄，它完全是被动的，心里暗藏着伺机逃跑的计划。可是如何才能溜掉呢？这很简单。雌蝎以尾做棒，朝着忘乎所以的雄蝎腕子猛然一击，后者立即松开了手。于是，两蝎分开。第二天，气消之后，好事又会开始的。

5月25日

这猛然一棒告诉我们，最初观察所见的温驯的雌蝎伴侣有自己的小性子，会固执地拒绝对方，说翻脸就翻脸。我们来举一个例子。

这天晚上，一对俊男美女、雌雄二蝎正在散步。它俩发现一片瓦甚为满意。雄蝎于是便松开一只钳子，仅松开一只，以便活动自如点。它用爪子和尾巴开始扫清入口。然后，它钻了进去。随着洞穴逐渐加宽加深，雌蝎便也跟着钻了进去，看上去是自觉自愿的。

不一会儿，也许是住宅和时间不合其意，雌蝎出现在洞口，半截身子退至洞外。它在努力挣脱雄蝎。后者身在洞内，拼命地在往里拉拽雌蝎。争斗十分激烈，一个在里面拼命拽，另一个在外面使劲儿挣。双方有进有退，不分胜负。最后，雌蝎猛一用力，反把雄蝎给拽了出来。

这两人没有分开，但已到了室外，又开始散起步来。足足一个钟头里，它俩沿着玻璃笼墙根走过来走过去，最后又回到了刚才那片瓦前。穴道本已开通，雄蝎立即钻了进去，然后便疯狂地拉拽雌蝎。后者身在洞外，奋力地抗争着。它挺直足爪，踩住地面，拱起尾巴，顶住屋门，就是不肯进去。我觉得它的反抗并不让人扫兴。如果没有前奏曲进行铺垫，那交尾还有什么劲儿呢？

这时，瓦片内的雄蝎勾引者一再坚持，要尽花招，雌蝎终于顺从了，进入洞内。钟刚敲十点。我哪怕熬上一整夜，也非要看到剧终不可。我将在合适的时机揭开瓦片，看看下面发生了什么。好机会十分罕见。突然，机会来了，我不敢怠慢。我会看到什么呢？

什么也没看到。刚过不到半个钟头，雌蝎反抗成功，挣脱束缚，爬出洞外，落荒而逃。雄蝎随即从瓦片下深处追了出来，到了门口，左顾右盼。美人儿逃出了它的手心，它只好灰溜溜地回到瓦片下。它上当受骗了，我同它一样也被骗了。

六月开始到来。由于担心光线太强会引起蝎子的惶恐不安，我此前一直都是把提灯挂在玻璃笼子外面，与之保持一定的距离。由于光线不足，我无法看清在散步的蝎子情侣你牵我拽的某些细节。它们彼此手拉手时是否十分主动积极？它们的钳指是否相互咬合着？或者只有一个采取主动？那么是哪一个呢？这一点很重要，必须弄清楚。

我把提灯放在玻璃笼子的正中间。笼子内四处都照得亮堂堂的。蝎子们非但不害怕亮光，而且还乐在其中。它们围着提灯跑来转去，有的甚至还试图爬上提灯好离光源更近一些。它们借助玻璃灯罩倒是爬上去了。它们抓住铁片的边缘，坚韧不拔，不怕滑落，终于爬到了顶上。它们待在上面一动不动，肚子部分贴在玻璃罩上，部分贴在金属框架上，整个夜晚都在看个没完，为这灯的辉煌而叹服。它们让我想起了以前的那些大孔雀蝶在灯罩上的得意忘形劲儿来。

在灯下的一片光亮处，一对情侣正抓紧在拿大顶。它俩用尾巴温情地撩拨一番，然后便往前走去。只有雄蝎在采取主动。它用每把钳子的双指夹住雌蝎与之相对应的双指。只有雄蝎在努力，在夹紧；只有雄蝎想解套就解套，双钳一松，套就解开了。雌蝎则无法这样；雌蝎是俘虏，勾引者已经为它戴上了拇指铐。

在一些较为罕见的情况中，我们还可以看得更清楚一些。我曾偶然发现过雄蝎抓住其美人儿的两只前臂往前拉拽。我还见过雄蝎抓住雌蝎的尾巴和一只后爪生拉硬扯。雌蝎先是拼命推开雄蝎伸出的爪子，而毫不惜力的雄蝎猛地把美人儿掀翻，顺势伸爪抓住对方。事情是明摆着的：这是货真价实的劫持，是暴力拐带，如同罗慕鲁斯王❶的部下抢掠萨宾妇女❷一样。

注释 ❶ 罗慕鲁斯王：罗马帝国的缔造者。
　　 ❷ 萨宾妇女：萨宾人是居住在山脉中的意大利民族，罗马人曾抢夺过萨宾的妇女为自己的城邦繁衍后代。